U0643159

抽水蓄能电站生产准备员工系列培训教材

基本知识

国网新源集团有限公司　组编

中国电力出版社
CHINA ELECTRIC POWER PRESS

内 容 提 要

为促进抽水蓄能领域人才培养，满足当前抽水蓄能事业快速发展的需要，国网新源集团有限公司组织编写了《抽水蓄能电站生产准备员工系列培训教材》丛书，共 7 个分册，填补了同类培训教材的市场空白。

本书是《基本知识》分册，共 9 章，主要内容包括：抽水蓄能概述、电工基础、电机学、水力学、水轮机原理、电力电子技术、电力系统继电保护、高电压技术和电力系统分析。

本书适合抽水蓄能电站生产准备员工阅读，同时也可供相关科研技术人员和大专院校师生参考使用。

图书在版编目（CIP）数据

抽水蓄能电站生产准备员工系列培训教材. 基本知识 / 国网新源集团有限公司组编.
北京：中国电力出版社，2025. 6. -- ISBN 978-7-5198-9754-3

Ⅰ. TV743

中国国家版本馆 CIP 数据核字第 2025FY3080 号

出版发行：中国电力出版社
地　　址：北京市东城区北京站西街 19 号（邮政编码 100005）
网　　址：http://www.cepp.sgcc.com.cn
责任编辑：孙建英（010-63412369）　马玲科
责任校对：黄　蓓　朱丽芳
装帧设计：张俊霞
责任印制：吴　迪

印　　刷：三河市航远印刷有限公司
版　　次：2025 年 6 月第一版
印　　次：2025 年 6 月北京第一次印刷
开　　本：787 毫米 × 1092 毫米　16 开本
印　　张：10.75
字　　数：259 千字
定　　价：60.00 元

抽水蓄能电站生产准备员工系列培训教材
基 本 知 识

编 写 人 员
（按姓氏笔画排序）

于金龙　于　辉　马雪静　王方勇　王玉柱　王亚龙

王旭一　王志祥　王　亮　王闻震　王洪彬　王　戬

王璐瑶　牛　炎　尹广斌　叶　林　史鑫松　付朝霞

吉俊杰　仲金宝　刘可欣　刘争臻　刘笑岩　李　利

李　侠　李逸凡　杨铁钢　杨　斌　何张进　宋旭峰

宋湘辉　张子龙　张永会　张先觉　张冰冰　张宇安

张　政　张赓义　陈洪顺　陈鹤虎　林芳名　周　昆

庞　新　郑竣杰　赵忠梅　姚航宇　耿沛尧　莫亚波

夏智翼　夏斌强　徐卫中　徐　伟　殷立新　郭中元

董　波　蒋　坤　韩　冬　韩　旭

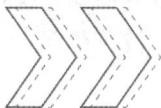

基本知识

序 言

察势者智，驭势者赢。推进中国式现代化是新时代最大政治，高质量发展是全面建设社会主义现代化国家首要任务。能源电力是以高质量发展全面推进中国式现代化战略工程、先导任务、坚实支撑。大力发展抽水蓄能，是推动能源电力行业转型发展，实现"双碳"目标，全面支撑中国式现代化重要着力点。党的二十届三中全会，对健全绿色低碳发展机制、加快规划建设新型能源体系作出重要部署。《中共中央 国务院关于加快经济社会发展全面绿色转型的意见》明确提出，科学布局抽水蓄能、新型储能、光热发电，提升电力系统安全运行、综合调节能力。国家电网有限公司站在当好新型电力系统建设主力军战略高度，出台加快推进抽水蓄能（水电）高质量发展重点措施，推动能源电力绿色低碳转型，更好支撑、服务中国式现代化。

作为抽水蓄能行业主力军、专业排头兵，国网新源集团有限公司以服务电网安全稳定高效运行为基本使命，坚持以国家电网有限公司战略为统领，大力推进集团化、集约化、专业化、平台化建设，增强核心功能，提高核心竞争力，努力建设成为国内领先、世界一流的绿色调节电源服务运营商，注重发展和安全、改革和稳定"两个统筹"，强化市场意识、经营意识、竞争意识、效率意识，引导规划政策、价格政策、开发管理政策，健全生产运维体系、建设管理体系、技术管理体系、经营管理体系，不断强化基层、基础、基本功，全面加强技术监督体系、同业对标体系建设，在推进抽水蓄能高质量发展中走在前作表率，为国家电网高质量发展作出积极贡献。

千秋基业，人才为本。生产技能人员是抽水蓄能人才队伍基础力量。近年来，国网新源集团有限公司坚持人才引领发展战略地位，大力实施电力工匠塑造工程，构建以"为人才成长助力、为业务发展赋能"为使命的"四全"人才培养体系，健全培训全要素，完善培训全流程，覆盖职业全周期，支撑集团全专业，不断提升生产技能人员培养系统性、实效性，为抽水蓄能发展提供了有力技能支撑、人才保障。

围绕决胜"十四五"，布局"十五五"，国网新源集团有限公司纵深推进新时代人才强企战略，拓宽人才发展通道，构建"领导职务、职员职级、科研、技能"四通道并行互通的人才发展体系，构建思想引领有力、服务发展有为、赋能增智有方、支撑保障有效的教育培训新格局，加大生产技能人员培养使用力度，更好发挥生产技能人员专业支撑、技艺革新、经验传承作用。

作为生产技能人员队伍重要组成部分，抽水蓄能电站生产准备员工核心专业知识、核心专业技能水平，事关抽水蓄能电站高质量发展，事关《抽水蓄能中长期发展规划（2021～2035年）》落地见效。为加快建设知识型、技能型、创新型抽水蓄能电站生产准备员工，更好传承核心专业知识、核心专业技能，国网新源集团有限公司组织华东天荒坪抽水蓄能有限责任公司、浙江仙居抽水蓄能有限公司、华东宜兴抽水蓄能有限公司等15家单位，150余名具有丰富教育培训、生产技能经验专家，历时3年，编写《抽水蓄能电站生产准备员工系列培训教材》。

本套教材共7个分册，全景式介绍抽水蓄能电站生产准备基本知识、基本技能，以及电站运维管理、电气一次设备运检、机械设备运检、电气二次设备运检、水工建筑物及辅机设备运检知识和技能。本套教材遵循科学性、实用性、通用性、特色性原则，创新基础理论、实操技能、典型案例的三元融合模式，努力打造抽水蓄能电站生产准备员工"工具书"，填补同类培训教材市场"空白"。

本套教材主要使用对象是抽水蓄能电站生产准备员工，以及抽水蓄能行业科研技术人员、大专院校师生。通过研读本套教材，有助于快速提升抽水蓄能电站生产准备员工核心专业知识、核心专业技能，加快补齐知识短板、夯实技能底板、锻造特色长板，为抽水蓄能行业高质量发展贡献国网新源力量，为全面推进中国式现代化作出新的更大贡献。

基本知识

前　言

在全球能源格局加速调整、绿色低碳发展成为时代主题的当下，抽水蓄能作为构建新型电力系统的关键支撑，其重要性愈发凸显。国家能源局发布的《抽水蓄能中长期发展规划（2021～2035年）》中明确指出，要加快抽水蓄能电站核准建设，到2030年，抽水蓄能投产总规模较"十四五"再翻一番，达到1.2亿kW左右。加快推进抽水蓄能事业发展，离不开一支高素质的生产准备员工队伍。

为加快抽水蓄能生产准备员工队伍建设，提高生产准备员工培训的系统性、针对性和时效性，促进抽水蓄能电站高质量发展，国网新源集团有限公司组织集团范围内具有丰富培训教学和管理经验的专家编写了本套教材。

本套教材共7个分册，全面阐述了生产准备员工应具备的基本知识、基本技能、各设备运维技能和管理技能。内容遵循科学性、实用性、通用性、特色性的原则，解读相关工作原理与工作要求，介绍相关典型案例，集理论与实践一体，体现了教育培训"工具书"的特点，做到了培训知识和培训实践有机结合。

本套教材编写工作于2022年10月启动，经过多次编审，不断完善改进，形成终稿。参与编写工作的人员来自国网新源集团有限公司、国网新源集团有限公司丰满培训中心、山东泰山抽水蓄能有限公司、华东桐柏抽水蓄能发电有限责任公司、华东天荒坪抽水蓄能有限责任公司、浙江仙居抽水蓄能有限公司、华东宜兴抽水蓄能有限公司、华东琅琊山抽水蓄能有限责任公司、安徽响水涧抽水蓄能有限公司、福建仙游抽水蓄能有限公司、河南宝泉抽水蓄能有限公司、湖南黑麋峰抽水蓄能有限公司、辽宁蒲石河抽水蓄能有限公司等15家单位，共150余人。

鉴于经验水平和编制时间有限，本套教材难免存在疏漏之处，恳请各位专家和读者提出宝贵意见，使之不断完善。

《抽水蓄能电站生产准备员工系列培训教材》编委会

2025年1月

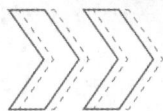

基本知识

目 录

第一章　抽水蓄能

本章概述

本章包含常见储能方式、抽水蓄能概论两部分内容。需着重学习抽水蓄能电站的作用及技术特点。

学习目标

学习目标	
知识目标	1. 能简述常见储能方式。 2. 能掌握抽水蓄能电站的工作原理、特点与类型。 3. 能掌握抽水蓄能电站的作用。 4. 能简述抽水蓄能电站的组成。 5. 能简述抽水蓄能电站的发展概况与趋势。
技能目标	—

第一节　常见储能方式

一、储能概念

储能即能量存储，是指通过一种介质或者设备，把一种能量形式用同一种或者转换成另一种能量形式存储起来，以备在需要时以特定能量形式释放出来的循环过程。

与传统电源调节手段相比，储能技术能更为有效地满足因新能源大规模接入和用能方式升级带来的系统平衡新需求，被广泛应用于电力系统电源侧、电网侧和用户侧各环节之中，应用场景包括新能源并网、电网辅助服务、输配电基础设施服务、分布式及微电网、工商业储能、电动汽车梯次利用等。

二、性能参数

评价储能系统性能的参数主要包括存储容量、能量转换效率、能量密度和功率密度、自放电率、放电时间、循环寿命、系统成本、环境影响等。

三、储能的分类

与电力系统相关的储能主要是电能储能、热能储能和氢能储能。

（一）电能储能

根据不同能量形式及技术原理，电能储能主要可以分为：

（1）机械储能。包括抽水蓄能、压缩空气储能及飞轮储能等。

（2）电化学储能。包括铅酸电池、锂离子电池、液流电池、钠硫电池储能等。

（3）电磁储能。包括超导磁储能、超级电容器储能等。

机械储能和电磁储能统称为物理储能。

（二）热能储能

热能储能包括显热储能、相变储能及热化学储热。

（三）氢能储能

氢能储能包括高压气态储氢、低温液态储氢和固态储氢。

四、常见储能方式介绍

现有储能方式多达几十种，目前规模最大的储能方式为抽水蓄能，电化学储能发展则较为迅速。以下介绍常见储能方式的基本工作原理及特点。

1. 抽水蓄能

抽水蓄能利用电力负荷低谷时系统中的多余电能将下水库的水抽到上水库内，以水力势能形式蓄能。在电力负荷高峰时段，通过水轮发电机将水力势能转化为需要的电能。

抽水蓄能属于大规模、集中式能量存储，是目前最成熟、最经济、运行寿命最长，在电力系统中应用最为广泛的大容量储能技术，其具有循环效率高、额定功率大、容量大、使用寿命长、运行费用低、自放电率低、负荷响应速度快等优点，但电站选址受地理资源条件约束。

2. 压缩空气储能

压缩空气储能是指在电网负荷低谷期将电能用于压缩空气，在电网负荷高峰期释放压缩空气推动汽轮机发电的储能方式。

压缩空气储能具有规模大、稳定性高、运行寿命长、运行费用低等优点，但电站选址受地理条件限制，而且传统压缩空气储能需使用化石燃料，新型地上压缩空气储能还存在成本较高、效率偏低、响应速度慢、各设备和子系统协调控制复杂等问题，且启动时间较长。

3. 飞轮储能

飞轮储能是把电能转化成旋转体的动能进行储存。在储能阶段，电机作为电动机运行，从系统吸收能量，通过飞轮转子加速，将电能转化为动能；在释放能量阶段，电机作为发电机运行，向系统释放能量，通过飞轮转子减速，将动能转化为电能。

飞轮储能具有效率高、功率密度大、响应速度快、寿命较长的优点，但存在自放电率较高、储能密度低、价格昂贵的缺点。

4. 铅酸电池

铅酸电池是利用铅在不同价态之间的固相反应实现充放电的一种蓄电池。传统铅酸电池的电极由铅及其氧化物制成，电解液采用硫酸溶液。其循环寿命短、能量转换效率偏低。铅炭电池则是在传统铅酸电池的铅负极中加入具有电容特性的碳材料而形成的新型储能装置，使得电池寿命大幅提升。

5. 锂离子电池

锂离子电池是以锂离子为活性离子，充放电时锂离子经过电解液在正负极之间脱嵌，将电能储存在嵌入锂的化合物电极中的一种储能技术，是目前能量密度最高的实用充电电池。

锂离子电池具有能量密度高、功率密度大、能量转换效率高、循环寿命长、无记忆效应及易快充快放的特点，但因为采用有机电解液，存在较大安全隐患，且成本较高。

6. 超导磁储能

超导磁储能利用超导磁线圈通过变流器将电网能量以电磁能的形式直接储存起来，需要时再通过变流器将电磁能返回电网或其他负载。其效率高、效应速度快、功率密度大，但成本高、自放电率较高。

第二节　抽水蓄能概述

一、抽水蓄能电站工作原理

抽水蓄能电站是根据能量转换原理进行工作的。如图 1-2-1 所示，电站内的可逆式水泵水轮机与发电电动机组成的抽水蓄能机组，在电网负荷低谷时运行于水泵工况，利用系统的多余电能将下水库的水抽到上水库中，将这部分水量以位能形式储存起来，满足系统填谷需求。待电网负荷转为高峰时，抽水蓄能机组运行于发电工况，将上水库的水放下来发电，满足系统调峰需求，如此循环工作。抽水蓄能电站可以实现电能的有效存储，保持了电网电源与负荷间的动态平衡。

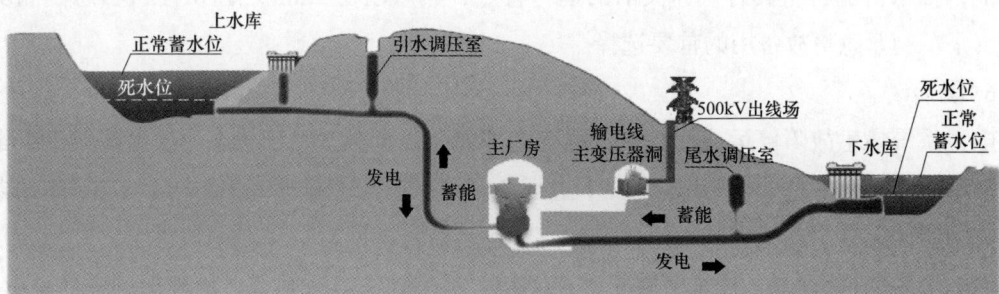

图 1-2-1　抽水蓄能电站工作原理图

二、抽水蓄能电站作用

抽水蓄能电站是电力系统中具有调峰、调频、调相、储能、事故备用和黑启动六大功能的特殊电源，具有保障大电网安全、提升全系统能源、促进新能源消纳三大基础作用。

1. 调峰

电力负荷在一天之内是波动的，抽水蓄能电站在电力系统用电高峰期间发电，在用电低谷期间抽水填谷，可平衡火电、核电出力，改善燃煤火电机组和核电机组的运行条件，降低煤耗、获得节煤效益，保证核电的安全；也可平滑风电、光伏发电的功率输出，减少新能源弃风弃光，保证电网稳定运行，提高电网综合效益。

2. 调频

电网频率需严格控制在 $50\pm0.2Hz$，为此，电网所选择的调频机组必须快速灵敏，以便随电网负荷瞬时变化而调整出力。由于抽水蓄能机组具有迅速而灵敏启停的特点，特别适合用于电网调整出力，能很好满足电网负荷变化的要求。

3. 调相

当电力系统无功功率不足或过剩时，会造成电网电压下降或上升，影响供电质量，危及系统的安全运行。抽水蓄能机组可根据系统需要迅速调整机组无功功率出力或作为调相机运行，提供或吸收无功功率，维持电网电压稳定。

4. 储能

抽水蓄能电站是电力系统中"用水做成的巨型充电宝"。当电力系统中各类电源总发电出力大于负荷需求时，抽水蓄能电站通过从下水库抽水至上水库的方式，将电能转化为水的势能储存起来，在负荷高峰时再将水能转化为电能。特别是对于风电、光伏等新能源装机占比较大的新型电力系统，由于风、光资源不可控的特点，更需要"巨型充电宝"进行配合，减少弃风弃光，提高清洁可再生能源的利用率。

5. 事故备用

在电网发生故障或负荷快速增长时，要求有快速响应电源能承担紧急事故备用和负荷调整功能，抽水蓄能机组具有快速灵活的运行特点，其可以在 2min 之内从停机状态到满负荷状态，是承担紧急事故备用的首要选择。

6. 黑启动

电力系统发生故障停运或瓦解后，系统全部停电处于全"黑"状态。抽水蓄能机组作为启动电源，可迅速在无外界帮助的情况下进行自启动，并通过输电线路输送启动功率带动电力系统内的其他无自启动能力的机组，有步骤地逐步恢复电网运行和对用户供电，被誉为"点亮电网的最后一根火柴"。抽水蓄能机组启动快、可持续供电时间长，是理想的黑启动电源。

三、抽水蓄能电站工作特点

抽水蓄能电站是目前最可靠、最经济、寿命周期长、容量大、技术最成熟、在电力系统中应用最为广泛的大容量储能技术，具有容量大、工况多、速度快、可靠性高、经济性好五大技术经济优势。

1. 容量大

一方面，抽水蓄能电站单站容量大，通常可达百万千瓦以上。河北丰宁电站的装机容量为 360 万 kW，是世界上容量最大的抽水蓄能电站。另一方面，抽水蓄能电站日满发小时数高，在运抽水蓄能电站日满发小时数平均为 6h。

2. 工况多

抽水蓄能机组工况多，具有发电、抽水、发电调相、抽水调相、停机五种稳定工况，也有旋转备用、黑启动、拖动机等工况。抽水蓄能机组调节性能优越，其可以根据电网的需要，在发电与抽水工况之间灵活转换，既能够"削峰"也能够"填谷"，可实现相当于自身容量双倍的调峰效果。而传统电源在负荷低谷时只能压低机组出力，不具备"填谷"能力。

3. 速度快

抽水蓄能机组从空载到满载只需要 30～35s，启动速度是燃气机组的 12 倍，是燃煤机组的 100 倍；爬坡速率可达 50%～100% 额定容量 /min，约是燃气机组的 5 倍，是燃煤机组的 30 倍。

4. 可靠性高

经过百余年的发展迭代、完善，抽水蓄能技术、装备及产业链条相对成熟、完备，运行安全可靠，是目前应用最成熟、规模最大的储能技术。抽水蓄能运行期零排放，几乎不会对环境造成负面影响，是一种清洁、低碳、生态良好的电源、储能装置。

5. 经济性好

抽水蓄能电站运行寿命长，其使用寿命通常在 50 年以上。美国、日本 20 世纪投产的抽水蓄能电站目前仍在运行；在运的潘家口、十三陵等 4 座电站的运行年限超过 20 年，且设备状况仍然良好。

抽水蓄能电站的综合效率为 75%～80%，在当前各种储能技术中处于较高的区间，并可在全生命周期中保持相对稳定的性能。

抽水蓄能电站的投资成本最经济，从中长期看，抽水蓄能仍是最经济的储能技术。抽水蓄能机组的设计制造基本实现国产化，技术成熟，未来技术经济指标基本稳定，是经济性最好的储能技术。

四、抽水蓄能电站类型

抽水蓄能电站可按不同的分类原则分为不同的类型。

（一）按电站有无常规发电的功能分类

按电站有无常规发电的功能可以分为纯抽水蓄能电站、混合式抽水蓄能电站。

1. 纯抽水蓄能电站

纯抽水蓄能电站专门用于调节电力系统的峰谷负荷和频率，其上水库没有水源或天然流量很小，需把水从下水库抽到上水库储存，待电网峰荷时发电。水只是在一个周期（日或周）内，在上、下水库循环使用，抽水和发电的水量相等。这种抽水蓄能电站的流量和历时应按电力系统调峰填谷的需要来确定。

2. 混合式抽水蓄能电站

混合式抽水蓄能电站（常蓄结合式）的上水库有天然径流汇入，这类电站设置有普通水轮发电机组，利用河川径流发电，并有抽水蓄能机组进行蓄能发电，承担电力系统调峰填谷任务。

（二）按水库调节性能分类

按水库调节性能可以分为日调节抽水蓄能电站、周调节抽水蓄能电站、季调节抽水蓄能电站。

1. 日调节抽水蓄能电站

日调节抽水蓄能电站，其运行周期呈日循环规律，水库的容积不大，发电和抽水的持续时间较短，一般每天发电顶峰为5～6h，抽水时间为6～7h。纯抽水蓄能电站大多为日调节蓄能电站。

2. 周调节抽水蓄能电站

周调节抽水蓄能电站，其运行周期呈周循环规律，水量一周循环一次。工作日发电多余抽水，双休日抽水多余发电。

3. 季调节抽水蓄能电站

季调节抽水蓄能电站，每年汛期利用水电站的季节性电能作为抽水能源，将水电站（特别是径流式水电站）必须溢弃的多余水量，抽到上水库蓄存起来，在枯水季内放水发电，以增补天然径流的不足。这样将原来是汛期的季节性电能转化成了枯水期的保证电能。这类电站绝大多数为混合式抽水蓄能电站，其上水库为了能满足几个月的蓄水要求，需要巨大的蓄能库容，下水库的容积一般够蓄存几个小时的入流量即可，但其来水量应能满足连续抽水的需要。

（三）按站内安装的抽水蓄能机组类型分类

1. 二机可逆式

二机可逆式蓄能机组为主流形式机组，其机组由可逆式水泵水轮机和可逆式电动发电机组成。可逆式水泵水轮机的转轮是特殊设计的两用转轮，具有双向运行的功能，即一个方向旋转为水轮机，另一方向旋转为水泵。由于一机两用、结构紧凑、设计部件少、占地面积小，且不需要两套进、排水设备，因此投资显著降低，而且安装、运行、维修方便简单。但是一个转轮两用，设计时既要考虑水泵工况，又要考虑水轮机工况，从理论和实践上讲，两种工况不可能同时达到最优，因而运行时效率较低，空蚀系数较大。可逆式机组在抽水启动时需设专门启动设备。

2. 三机串联式

三机串联式蓄能机组的水泵、水轮机和兼作电动机及发电机的电机三者通过联轴器连接在同一轴上，抽水时电机以电动机方式带动水泵运转，发电时电机由水轮机带动以发电机方式运行。三机串联式蓄能机组有横轴和竖轴两种布置方式，前者水轮机和水泵分置在电机左右两端；后者电机装在最上端，水轮机在中间，水泵通过联轴器装在水轮机的下面，这是因为水泵所要求的装置高程比水轮机低。

三机串联式蓄能机组的主要优点是水泵和水轮机的性能均可按各自的运行要求进行设计；主要缺点是水泵和水轮机需要两套进水管、两套尾水管和两个进口阀门，机构设备繁多。

（四）按布置特点分类

按电站水工建筑物与地面所处的相对位置可分为地面式、地下式。

1. 地面式

全部建筑物都布置在地面。

2. 地下式

除上、下水库外，整个输水系统及厂房均布置在地下。

五、抽水蓄能电站组成

抽水蓄能电站主要由上水库、下水库、输水系统、地下厂房、开关站等组成。

（一）上水库

一般在高山顶部的洼地沟口筑坝形成上水库，水库水位变化频繁、变幅大。

（二）下水库

下水库通常在水源比较充足的河川溪流上筑坝而成，并优先考虑利用天然湖泊或已建水库，水库水位变化频繁、变幅大。

（三）输水系统

输水系统由进 / 出水口建筑物、压力管道、分岔系统和调压设施组成。压力管道由人工开挖而成的斜井、竖井组成，采用混凝土衬砌或全钢衬，一般为一管两机或一管三机。

（四）地下厂房

地下厂房洞室群一般包括主副厂房洞、主变压器洞、母线洞、尾水事故闸门洞、高压电缆出线兼安全出口竖井、通风洞以及排风兼安全出口竖井、进厂交通洞等。

（五）开关站

开关站主要由地下 GIS（气体绝缘金属封闭开关设备）、地面 GIS、出线场等设备组成，地下 GIS 与地面 GIS 之间一般通过高压电缆连接。

六、抽水蓄能电站发展概况与趋势

抽水蓄能电站的出现已有一百多年的历史，1882 年世界上第一座抽水蓄能电站建造于瑞士苏黎世。在 20 世纪 60 年代之后，抽水蓄能技术得到迅速发展，以美国、日本和西欧各国为代表的工业发达国家带动了抽水蓄能电站的大规模发展。我国抽水蓄能电站建设起步较晚，但在进入 21 世纪后，我国抽水蓄能电站迎来建设高潮。下面对国内外抽水蓄能发展概况及技术发展趋势进行分阶段介绍。

（一）国外抽水蓄能发展概况

1960 年前，以蓄水为主要目的，主要用于调节常规水电站发电的季节不平衡性，大多是汛期蓄水、枯水期发电。1960～1980 年，欧美国家建造了大量核电站，有较大的调峰需求，这一时期的抽水蓄能电站主要为了与核电站配套。1990～2000 年，随着发达国家经济放缓，电力增长速度放慢，同时天然气管网迅速发展，挤占了抽水蓄能发展空间。2000 年至今，随着新能源的快速发展，由于抽水蓄能电站灵活调节的特性，其发展又开始增速。

（二）国内抽水蓄能发展概况

1. 产业起步期（1968～1983 年）

1968 年，河北省岗南混合式抽水蓄能电站在华北电网投入商业运营，承担电网调峰和储能调节功能，拉开了我国抽水蓄能电站建设的序幕。

2. 探索发展期（1984～2003 年）

以 1984 年潘家口电站开工建设为标志，我国抽水蓄能建设进入探索发展期，也是抽水蓄能发展的第一个建设高峰。到 2003 年底，潘家口、广州、十三陵和天荒坪 4 座大型抽水蓄能电站建成投运，泰山、琅琊山和宜兴等 5 座电站开工建设。

3. 完善发展期（2004～2014 年）

以 2004 年明确电网企业为主的建设管理体制为标志，我国抽水蓄能建设进入完善发展期。到 2014 年底，我国抽水蓄能产业规模跃居世界第三。

4. 蓬勃发展期（2015 年以来）

2015～2023 年，全国抽水蓄能装机容量从 2305 万 kW 增长至 5140 万 kW，2023 年全国新增抽水蓄能装机容量 530 万 kW，运行和在建规模均居世界第一。抽水蓄能发展仍然面临刚性需求。

（三）抽水蓄能技术发展趋势

1. 提高抽水蓄能技术的经济性、可靠性与稳定性

抽水蓄能技术发展至今，机组正向高水头、高转速、大容量方向发展，以提高抽水蓄能技术的经济性。当接近制造极限后，还应立足开展对机组振动、空蚀、变形、止水及磁特性的研究，不断提高电站运行的可靠性与稳定性。并且进一步提高继电设备的可靠性和自动化水平，建立统一调度机制，推广集中监控和无人化管理。

2. 研制大型可变速抽水蓄能机组

研制大型可变速抽水蓄能机组，实现发电与抽水工况运行均可进行宽负荷功率调节，使抽水蓄能机组在任意水头和负荷时始终保持在最优转速和效率，以应对电网大规模快速功率波动。

3. 研究海水抽水蓄能

开展海水抽水蓄能电站关键技术的研究。该技术在海岸山地建造上水库，以大海为下水

库，其优点是水量充沛，水位变幅小，有利于水泵水轮机稳定运行。另外，建在基荷电源或沿海负荷中心附近，有利于电力系统运行及输电成本降低；建在淡水资源缺乏、常规抽水蓄能建设条件较差的地区，有利于电力系统灵活调峰。

思　考　题

1. 电力系统有哪些常见的储能方式？
2. 抽水蓄能电站的工作原理是怎样的？
3. 抽水蓄能电站的作用有哪些？
4. 抽水蓄能电站有哪些技术特点？
5. 有哪些类型的抽水蓄能电站？
6. 抽水蓄能电站主要由哪些设施组成？
7. 抽水蓄能未来发展有哪些趋势？

第二章 电工基础

本章概述

电路是电工技术的基础。本章主要包括 3 个小节,介绍了电路和电路模型、电路的基本定律、三相电路等基础知识。

学习目标

学习目标	
知识目标	1. 掌握电路的模型和简单的分析方法。 2. 掌握三相电路的原理、结构。 3. 能用电工理论分析解决现场实际问题。
技能目标	—

第一节 电路和电路模型

一、电阻元件

(一)电阻元件的模型

电阻器、白炽灯泡、电热丝等在一定条件下可以用二端线性电阻元件作为其模型。线性电阻元件是理想电路元件,在关联参考方向下其电压和电流满足欧姆定律:

$$U = RI \tag{2-1-1}$$

其中,R 为电阻,国际单位为欧姆(Ω,简称欧)。其倒数为电导 G,国际单位为西门子(S)。

式(2-1-1)成立的前提是电路的电压和电流满足关联参考方向,即电流从电阻元件的"+"端流入,从"−"端流出。若电路为非参考关联方向,即电流从电阻元件的"−"端流入,从"+"端流出,则其电压和电流的关系为

$$U = -RI \tag{2-1-2}$$

相应的,电压、电流不满足欧姆定律的电阻元件称为非线性电阻。

(二)电阻元件的功率

电阻元件在使用过程中将电能转化为其他形式的能量,即消耗电能,其电功率为

$$P = UI = \frac{U^2}{R} = I^2R = U^2G = \frac{I^2}{G} \qquad (2-1-3)$$

二、电容元件

（一）电容元件的模型

电容器在一定条件下可以用二端线性电容元件作为其模型，其图形符号及电压、电流的关联参考方向如图 2-1-1 所示。

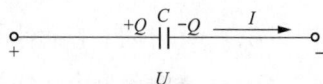

图 2-1-1　电容元件图形符号及电压、电流的关联参考方向

线性电容元件的电压 U 和极板存储电荷 Q 满足线性关系，即

$$Q = CU \qquad (2-1-4)$$

式（2-1-4）中，C 为电容元件的电容，国际单位为法拉（F，简称法）。工程上，这个单位过大，不便于使用。实际上常用的电容单位为微法（μF）和皮法（pF）。其换算关系为

$$1\mu F = 10^{-6}F, \quad 1pF = 10^{-12}F \qquad (2-1-5)$$

结合电流的定义，可以得到

$$I = \frac{dQ}{dt} = \frac{dCU}{dt} = C\frac{dU}{dt} \qquad (2-1-6)$$

式（2-1-6）表明：电容元件的电流与电压随时间的变化率成正比。当电压激增时，电流正向变大；当电压激降时，电流反向增大。当电压随时间的变化率为零时，直流电压下电容元件的电流为零，因此电容元件对于直流信号来说相当于开路。

电容元件在 ξ 时刻的电压为

$$U_{(\xi)} = \frac{Q_0}{C} + \frac{1}{C}\int_0^{\xi} Idt = U_{(0)} + \frac{1}{C}\int_0^{\xi} Idt \qquad (2-1-7)$$

其中，$U_{(0)}$ 为 0 时刻电容元件的电压。由此可见，电容元件在 ξ 时刻的电压是一个累加过程，除了与从 0 时刻到 ξ 时刻的电流值有关外，还与 0 时刻的电压有关。因此，电容是一个有"记忆"功能的元件。

（二）电容元件的功率及能量

1.电容元件的功率

根据功率的定义，可以得到电容元件"吸收"的功率为

$$P = UI = CU\frac{dU}{dt} \qquad (2-1-8)$$

值得注意的是，假设电压 U 恒大于零，若 U 变大，则 I 大于零，此时电容元件"吸收"的功率为正。事实上此时电能并没有转化为热能被真正"消耗"，而是转化为电场能被存储起来，即充电过程。若 U 变小，则 I 小于零，此时电容元件"吸收"的功率为负，事实上在将存储的电场能释放出来，即放电过程。因此电容元件是储能元件。

2. 电容元件的能量

根据能量的定义，以 $-\infty$ 时刻的电压为零，电容元件在电压 U 的作用下从 $-\infty$ 时刻到 t 时刻存储的电场能大小为

$$W = \frac{1}{2}CU^2_{(t)} = \frac{Q^2_{(t)}}{2C} \qquad (2-1-9)$$

式中 $U_{(t)}$——t 时刻电容元件的电压；

$Q_{(t)}$——t 时刻电容元件的电荷量。

（三）电容元件的并联

n 个电容元件的并联电路，等效电容元件的电容值满足以下关系：

$$C = \sum_{k=1}^{n} C_k \qquad (2-1-10)$$

（四）电容元件的串联

n 个电容元件的串联电路，等效电容元件的电容值满足以下关系：

$$\frac{1}{C} = \sum_{k=1}^{n} \frac{1}{C_k} \qquad (2-1-11)$$

由此得到结论：电容越并越大，越串越小。

三、电感元件

（一）电感元件的模型

用导线绕制成的线圈如继电器主线圈或变压器绕组线圈，可以用二端线性电感元件作为其模型，其图形符号及电压、电流的关联参考方向如图 2-1-2 所示。

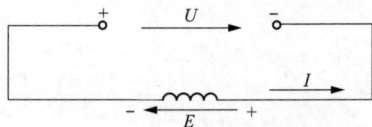

图 2-1-2 电感元件图形符号及电压、电流的关联参考方向

线性电感元件的电流 I 和线圈磁链 Ψ 满足线性关系，即

$$\Psi = LI = N\Phi \qquad (2-1-12)$$

其中，Φ 是线圈的磁通量，国际单位为韦伯（Wb，简称韦），与电流方向满足右手螺旋定则。L 为电感元件的电感，国际单位为亨利（H，简称亨）。

根据楞次定律，感应电动势为

$$E = -\frac{\mathrm{d}\psi}{\mathrm{d}t} \qquad (2-1-13)$$

由图 2-1-2 可知，因电感两端的电压与电动势大小相等方向相反，所以有

$$U = -E = \frac{\mathrm{d}\psi}{\mathrm{d}t} = \frac{\mathrm{d}(LI)}{\mathrm{d}t} = L\frac{\mathrm{d}I}{\mathrm{d}t} \qquad (2-1-14)$$

式（2-1-14）表明：电感元件的电压与电流随时间的变化率成正比。当电流激增时，电压正向变大；当电压激降时，电压反向增大。当电流随时间的变化率为零时，直流电流下

电感元件的电压为零，因此电感元件对于直流信号来说相当于短路。

同理可得

$$I_{(\xi)} = \frac{\psi_{(0)}}{L} + \frac{1}{L}\int_0^\xi U\mathrm{d}t = I_{(0)} + \frac{1}{L}\int_0^\xi U\mathrm{d}t \qquad (2\text{-}1\text{-}15)$$

式中　　$\psi_{(0)}$——0 时刻线圈磁链；

　　　　$I_{(0)}$——0 时刻电感元件的电流。

所以，电感元件也是记忆元件。

（二）电感元件的功率及能量

1. 电感元件的功率

根据功率的定义，可以得到电感元件"吸收"的功率为

$$P = UI = LI\frac{\mathrm{d}I}{\mathrm{d}t} \qquad (2\text{-}1\text{-}16)$$

同理，假设电流 I 恒大于零，若 I 变大，则 U 大于零，此时电感元件"吸收"的功率为正，电能转化为磁场能被存储起来。若 I 变小，则 U 小于零，此时电感元件"吸收"的功率为负，将存储的磁场能释放出来。因此电感元件也是储能元件。

2. 电感元件的能量

以 $-\infty$ 时刻的电流为零，电感元件在电流 I 的作用下从 $-\infty$ 时刻到 t 时刻存储的电场能大小为

$$W = \frac{1}{2}LI_{(t)}^2 = \frac{\psi_{(t)}^2}{2L} \qquad (2\text{-}1\text{-}17)$$

式中　　$I_{(t)}$——t 时刻电感元件的电流；

　　　　$\psi_{(t)}$——t 时刻线圈磁链。

（三）电感元件的串联

电感元件的串联电路，等效电感元件的电感值满足以下关系：

$$L = \sum_{k=1}^{n} L_k \qquad (2\text{-}1\text{-}18)$$

（四）电感元件的并联

电感元件的并联电路，等效电感元件的电感值满足以下关系：

$$\frac{1}{L} = \sum_{k=1}^{n} \frac{1}{L_k} \qquad (2\text{-}1\text{-}19)$$

由此得到结论：电感越串越大，越并越小。

四、电源元件

（一）电压源

理想电压源是一种满足以下条件的二端元件，即电源的端电压与流经该电源的电流无

关，其电路符号如图 2-1-3 所示。理想电压源的端电压为恒定值时称为恒定电压源，其伏安特性如图 2-1-4 所示。

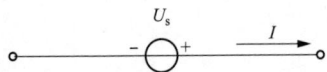

图 2-1-3　理想电压源的电路符号

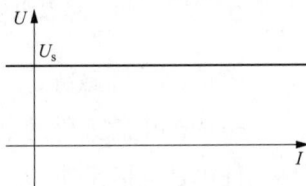

图 2-1-4　恒定电压源的伏安特性

（二）电流源

理想电流源是一种满足以下条件的二端元件，即电源产生的电流与该电源的端电压无关，其电路符号如图 2-1-5 所示。理想电流源产生的电流为恒定值时称为恒定电流源，其伏安特性如图 2-1-6 所示。

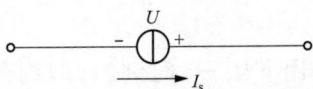

图 2-1-5　理想电流源的电路符号

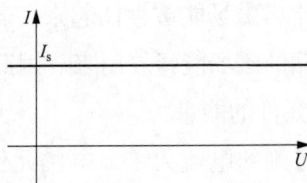

图 2-1-6　恒定电流源的伏安特性

（三）受控源

受控（电）源是一种非独立电源，其输出的电压或电流受电路中的其他电压或电流控制。受控源按照控制量和输出量可以分为电压控制电压源（VCVS）、电压控制电流源（VCCS）、电流控制电压源（CCVS）、电流控制电流源（CCCS）。当输出量和控制量满足线性关系时，称为线性受控源，本书只介绍线性受控源。线性受控源的电路模型如图 2-1-7 所示。

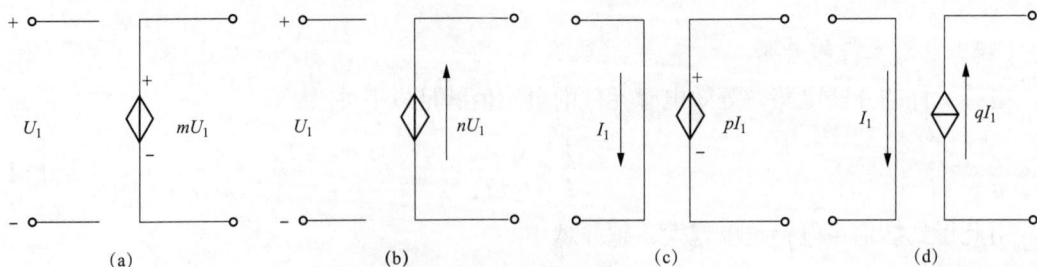

图 2-1-7　线性受控源的电路模型

（a）VCVS；（b）VCCS；（c）CCVS；（d）CCCS

第二节 电路的基本定律

一、基尔霍夫电流定律（KCL）

集中参数电路中，在任意时刻，流出（或流入）任意节点的各支路电流的代数和为零，即

$$\sum I = 0 \qquad (2-2-1)$$

二、基尔霍夫电压定律（KVL）

集中参数电路中，在任意时刻，沿任意回路的支路电压的代数和为零，即

$$\sum U = 0 \qquad (2-2-2)$$

三、叠加定理

完全由线性元件、独立电源、线性受控源构成的电路称为线性电路。电阻、电感、电容元件均为线性元件。

叠加定理的内容是：在线性电路中，各独立电源共同作用时在任意支路产生的电流或任意节点产生的电压等同于各独立电源分别单独作用时在该支路产生的电流或该节点产生的电压的代数和。

使用叠加定理时应注意以下问题：

（1）各独立电源分别单独作用是指保留一个独立电源，其余独立电源失效。所谓失效是指电压源短路，电流源开路。

（2）受控（电）源不作为独立电源，因此利用叠加定理进行电路求解时，受控（电）源不能单独作用，应予以保留。

（3）不能利用叠加定理求解某元件的功率。

【例 2-2-1】 电路如图 2-2-1 所示，求 U_x。

解：当电压源单独作用时，电流源开路。此时电路如图 2-2-2 所示。

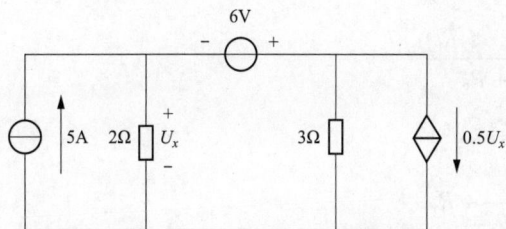

图 2-2-1 【例 2-2-1】电路图　　图 2-2-2 电压源单独作用时的电路图

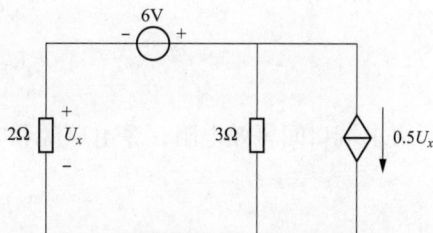

$$3\left(\frac{U_x}{2} + 0.5U_x\right) + U_x + 6 = 0$$

解得
$$U_x = -1.5\text{V}$$

当电流源单独作用时，电压源短路。此时电路如图 2-2-3 所示。

$$5 = \frac{U_x}{2} + \frac{U_x}{3} + 0.5U_x$$

解得
$$U_x = 3.75\text{V}$$

所以，$U_x = -1.5 + 3.75 = 2.25$（V）。

由叠加定理不难推导出以下齐性定理：在线性电路中，若各独立电源同时放大（或缩小）K 倍，则电路的响应也将同时增大（或减小）K 倍。

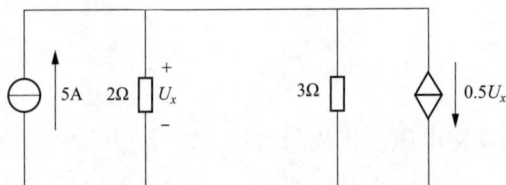

图 2-2-3　电流源单独作用时的电路图

四、戴维南定理（诺顿定理）

仅有两端与外部相连的电路称为二端网络。由 KCL 可知，从这两个端钮的一端流入的电流与另一端流出的电流相等。这样的一对端钮称为一个端口，二端网络又称为一端口网络。

戴维南定理的内容是：任一由独立电源和线性电阻组成的二端网络对外部的作用与一电压为 U 的电压源和电阻 R 的串联电路等效。其中，U 为该二端网络与外部电路断开时的端钮间开路电压；R 为该二端网络内部独立电源不作用时，从端口看向二端网络时的输入电阻。

【例 2-2-2】 电路如图 2-2-4 所示，求该电路的戴维南等效电路。

解：首先求解 ab 间端口开路电压。

利用叠加定理，当电压源单独作用时，有

$$U_{ab} = U_s\frac{R_2}{R_1 + R_2}$$

当电流源单独作用时，有

$$U_{ab} = -I_s\frac{R_1R_2}{R_1 + R_2}$$

同时作用时，有

$$U = \frac{R_2(U_s - I_sR_1)}{R_1 + R_2}$$

再求端口间等效电阻，令电压源和电流源失效，有

$$R = \frac{R_1R_2}{R_1 + R_2} + R_3$$

所以，该电路的戴维南等效电路如图 2-2-5 所示。

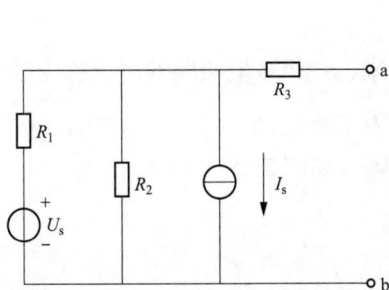

图 2-2-4 【例 2-2-2】电路图　　　　图 2-2-5　戴维南等效电路

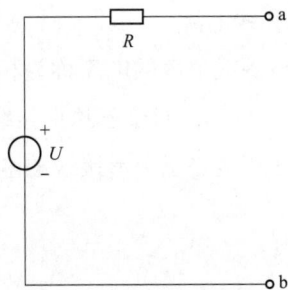

第三节　三　相　电　路

一、三相电路的连接

将三相电源或三相负载的尾端 X、Y、Z 连接在一起，就形成了三相电路的星形（Y 形）连接。连接在一起的尾端称为中性点，一般用 N 表示。星形连接的电源如图 2-3-1 所示。

将三相电源或三相负载的首端和尾端顺次连接在一起，就形成了三相电路的三角形（Δ 形）连接。三角形连接的电源如图 2-3-2 所示。

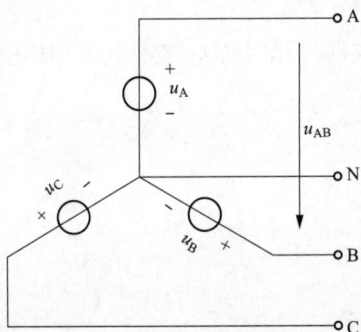

图 2-3-1　星形连接的电源　　　　图 2-3-2　三角形连接的电源

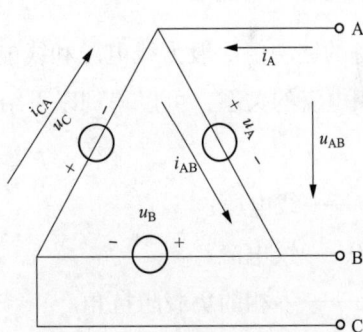

二、三相电路的电压和电流

1. 相电压和线电压

一相电源或负载两端的电压称为相电压，两相出线端之间的电压为线电压。

由图 2-3-1 可知，对于星形接线，有：$u_{AB} = u_A - u_B$，$u_{BC} = u_B - u_C$，$u_{CA} = u_C - u_A$。据此，做出对称三相电路星形接线的电压相量图，如图 2-3-3 所示。

由图 2-3-3 可知，对于三相对称星形接线，线电压等于相电压的 $\sqrt{3}$ 倍，线电压超前相电压 30°。

由图 2-3-2 可知，对于三角形接线，线电压与相电压相等。

2. 相电流和线电流

流过一相电源或负载的电流称为相电流，流过一相输电线路的电流称为线电流。

由图 2-3-2 可知，对于三角形接线，有：$i_A = i_{AB} - i_{CA}$，$i_B = i_{BC} - i_{AB}$，$i_C = i_{CA} - i_{BC}$。据此，做出对称三相电路三角形接线的电流相量图，如图 2-3-4 所示。

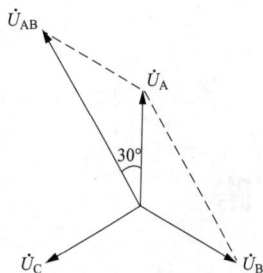

图 2-3-3　对称三相电路星形接线电压相量图　　　图 2-3-4　对称三相电路三角形接线电流相量图

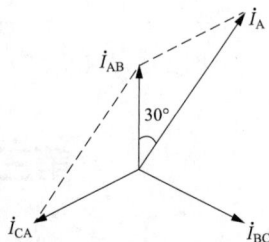

由图 2-3-4 可知，对于三相对称三角形接线，线电流等于相电流的 $\sqrt{3}$ 倍，线电流滞后相电流 30°。

由图 2-3-1 可知，对于星形接线，线电流与相电流相等。

三、三相对称电路的功率

电气设备的铭牌值一般为线电压和线电流。依据三相对称电路线电压和相电压的关系以及线电流和相电流的关系，可以得到以下结论：

$$P = \sqrt{3}UI\cos\varphi \tag{2-3-1}$$

式中　U——线电压；

　　　I——线电流；

　　　φ——一相的负载阻抗角。

思　考　题

1. 已知某电阻元件的电阻值为 2Ω，当用 5V 的直流电源为其供电时，该电路的功率是多少？

2. 某电容值为 2F 的电容元件，其电压（V）随时间的关系满足 $U = 2t^2 - 5t + 5$，电压和电流方向满足关联参考方向，试求 $t = 1s$ 和 $t = 2s$ 时的电容电流分别是多少？

3. 某电感元件的电感值为 2H，且 $I_0 = 0A$，其电压波形如图 2-3-5 所示，电压和电流方向满足关联参考方向，试求当 $t = 1s$、$t = 5s$ 和 $t = 7s$ 时的电感电流分别是多少？

4. 电路如图 2-3-6 所示，$I_s = 2A$，$U_s = 10V$，$R = 5\Omega$，试求电流源和电压源的功率分别是多少？

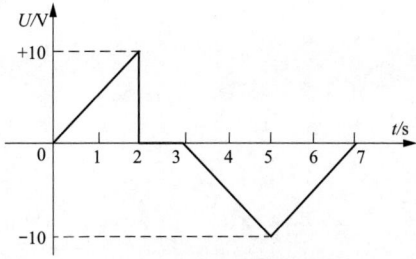

图 2-3-5　电压波形

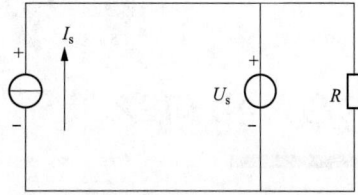

图 2-3-6　电路图

第三章 电机学

本章概述

电机是电力系统中不可或缺的组成部分。本章主要包括 3 个小节，介绍了变压器基本工作原理、变压器运行及发电机基本工作原理。

学习目标

	学习目标
知识目标	1. 能理解变压器额定值的含义。 2. 能理解单相变压器的运行特性。 3. 能理解三相变压器绕组的接线方式。 4. 能理解变压器并列运行的条件。 5. 了解变压器励磁涌流的危害和解决方式。 6. 掌握电枢磁场的概念。 7. 了解同步发电机稳定电压的作用。 8. 了解有功功率的调节过程。 9. 了解不对称运行对发电机的影响。 10. 了解同步发电机的调整特性，掌握当负载变化时励磁电流的调节规律。
技能目标	掌握并熟练运用对称分量法。

第一节 变压器基本工作原理

一、变压器的额定容量 S_N

变压器的额定容量是指变压器在规定的额定电压、额定电流下连续运行时，所能输送的最大功率。我国现在采用的变压器额定容量等级是按照国际电工委员会确认的 R10 国际通用标准容量系列。R10 系列变压器容量的等级是按照 1.26 的倍数递增的，这样的容量间隔较小，便于选用。容量等级包括 500、630、800、1000kVA 及更大的容量等级，如 1600、2000kVA 等。通常 S_N<630kVA 的变压器称为小型变压器，S_N = 800～ 6300kVA 的称为中型变压器，S_N=8000～63000kVA 的称为大型变压器，S_N>90000kVA 的称为特大型变压器。

三相变压器额定容量的计算公式为

$$S_N = \sqrt{3}U_N I_N \tag{3-1-1}$$

二、变压器的额定电压 U_N

变压器的额定电压是指变压器在空载、额定分接开关下各绕组端子间的电压，它是变压器长期运行所能承受的电压，在三相变压器中指线电压。

规定加在一次侧的额定电压记作 U_{1N}，即一次侧加额定电压，二次侧空载时的端电压记作 U_{2N}。

三、变压器的额定电流 I_N

变压器的额定电流是指变压器在额定容量、额定电压下的长期允许工作电流，同额定电压一样，分别将一次侧和二次侧额定电流记作 I_{1N} 和 I_{2N}。

四、其他额定值

1. 额定频率 f

在我国电力系统中，工作频率均为 50Hz。

2. 短路电压百分比 $U_k\%$

把变压器的二次绕组短路，在一次绕组上慢慢地升高电压，当一次绕组的电流等于额定电流 I_{1N} 时，在一次侧所施加的电压，称为短路电压，记作 U_k。短路电压百分比通常表示为

$$U_k\% = U_k / U_N \times 100\% \tag{3-1-2}$$

3. 变压器的效率 η

变压器的效率是指变压器输出的有功功率 P_2 与输入的有功功率 P_1 之比，用百分数表示，即

$$\eta = P_2 / P_1 \times 100\% \tag{3-1-3}$$

五、单相变压器的空载运行

空载运行是指变压器一次绕组接到额定电压、额定频率的电源上，二次绕组开路的运行状态。

单相变压器空载运行原理如图 3-1-1 所示。

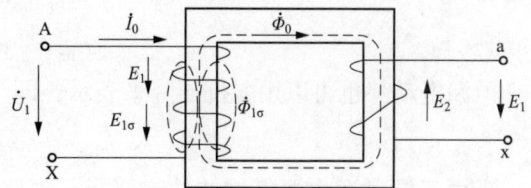

图 3-1-1　单相变压器空载运行原理图

六、主磁通和漏磁通

1. 性质

由于铁磁材料有饱和现象，所以主磁路的磁阻不是常数，主磁通与建立它的电流之间呈非线性关系。而漏磁通的磁路大部分由非铁磁材料组成，所以漏磁路的磁阻基本上是常数，漏磁通与产生它的电流呈线性关系。

21

2. 数量

主磁通约占总磁通的 99% 以上，而漏磁通不足 1%。

3. 作用

主磁通在一、二次绕组中均感应电动势，当二次侧接上负载时便有电功率向负载输出，故主磁通起传递能量的作用。而漏磁通仅在一次绕组中感应电动势，不能传递能量，仅起压降作用。因此，在分析变压器和交流电机时常将主磁通和漏磁通分开处理。

七、感应电动势与漏磁电动势

1. 主磁通感应的电动势

设

$$\Phi_0 = \Phi_m \sin \omega t \qquad (3-1-4)$$

则

$$e_1 = -N_1 \frac{d\Phi_0}{dt} = 2\pi f N_1 \Phi_m \sin(\omega t - 90°) = E_{1m} \sin(\omega t - 90°) \qquad (3-1-5)$$

有效值为

$$E_1 = 4.44 f N_1 \Phi_m \qquad (3-1-6)$$

相量为

$$\dot{E}_1 = -j4.44 f N_1 \dot{\Phi}_m \qquad (3-1-7)$$

可见，当主磁通按正弦规律变化时，所产生的一次主电动势也按正弦规律变化，时间相位上滞后主磁通 90°。主电动势的大小与电源频率、绕组匝数及主磁通的最大值呈正比。

同理，二次主电动势也有同样的结论。

2. 漏磁通感应的电动势

根据主电动势的分析方法，同样有

$$E_{1\sigma} = 4.44 f N_1 \Phi_{1\sigma m} \qquad (3-1-8)$$

$$\dot{E}_{1\sigma} = -j4.44 f N_1 \dot{\Phi}_{1\sigma m} \qquad (3-1-9)$$

漏电动势也可以用漏抗压降来表示，即

$$\dot{E}_{1\sigma} = -j\omega L_{1\sigma} \dot{I}_0 = -j\dot{I}_0 X_1 \qquad (3-1-10)$$

由于漏磁通主要经过非铁磁路径，磁路不饱和，故磁阻很大且为常数，所以漏电抗 X_1 很小且为常数，它不随电源电压负载情况而变。

八、标幺制的概念

有名值：用实际有名单位表示物理量的方法。

标幺值：采用其实际值与某一选定的基准值的比值来表示。

注意：当描述一个物理量的标幺值时，必须同时说明其基准值为多大，否则仅一个标幺值是没有意义的，且标幺值无单位。

九、标幺制的计算

基值：采用标幺制进行计算时，第一步的工作是选取各物理量的基准值。电力系统的各电气量基准值的选择必须符合电路（三相）基本关系，即

$$S_B = \sqrt{3} U_B I_B \qquad (3-1-11)$$

$$U_B = \sqrt{3} I_B Z_B \qquad (3-1-12)$$

式中　　S_B——三相功率的基准值；

U_B——线电压的基准值；

I_B——线电流的基准值；

Z_B——每相阻抗的基准值。

标幺值：基准值选定以后便可计算各物理量的标幺值，其值分别为

$$U^* = \frac{U}{U_B} \qquad (3-1-13)$$

$$I^* = \frac{I}{I_B} \qquad (3-1-14)$$

$$Z^* = \frac{Z}{Z_B} = \frac{R + jX}{Z_B} = \frac{R}{Z_B} + j\frac{X}{Z_B} = R^* + jX^* \qquad (3-1-15)$$

$$S^* = \frac{S}{S_B} = \frac{P + jQ}{S_B} = \frac{P}{S_B} + j\frac{Q}{S_B} = P^* + jQ^* \qquad (3-1-16)$$

由式（3-1-15）和式（3-1-16）可见，Z^*、R^*、X^* 是同一个基准值，S^*、P^*、Q^* 也是同一个基准值。

有名值为

$$S = \sqrt{3} UI \qquad U = \sqrt{3} IZ \qquad (3-1-17)$$

基准值为

$$S_B = \sqrt{3} U_B I_B \qquad U_B = \sqrt{3} I_B Z_B \qquad (3-1-18)$$

标幺值为

$$S^* = U^* I^* \qquad U^* = I^* Z^* \qquad (3-1-19)$$

十、不同基准值间标幺值的换算

在电力系统的实际计算中，对于直接电气联系的网络，在制订标幺值的等效电路时，各元件的参数必须按统一的基准值进行归算。

然而，从手册或产品说明书中查得的电机和电器的阻抗值，一般都是以各自的额定容量和额定电压为基准值的标幺值。由于各元件的额定值可能不同，因此，必须把不同基准值的标幺阻抗换算成统一基准值的标幺值。

一些设备的参数是以百分值给出的，如变压器的短路电压、电抗器的电抗等，此时先将百分值化为额定参数为基准值的标幺值，然后再进行标幺值的换算，那么显然，同一基准值

的标幺值与百分值之间的关系为

$$标幺值 = \frac{百分值}{100}$$

（3-1-20）

十一、标幺制的优点

标幺制的优点有：

（1）易于比较电力系统各元件的特性及参数。

（2）采用标幺制，能在一定程度上简化计算。

第二节　变压器运行

一、三相绕组的接线方式

（一）星形接线

以高压绕组为例，星形接线是将三相绕组的末端连接在一起结为中性点，把三相绕组的首端分别引出。画接线图时，应将三相绕组竖直平行画出，相序是从左向右，电动势的正方向是由末端指向首端，电压方向则相反。画相量图时，应将 B 相电动势竖直画出，其他两相分别与其相差 120°，按顺时针排列，三相电动势方向由末端指向首端，线电动势也是由末端指向首端，如图 3-2-1 所示。

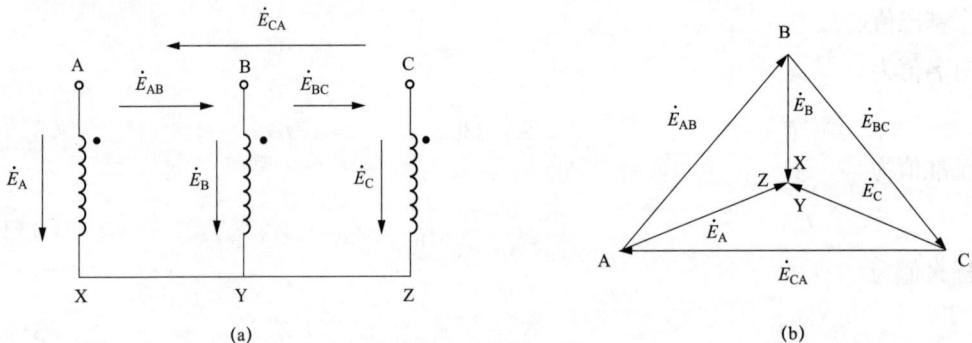

图 3-2-1　三相绕组星形接线图和电动势相量图

（a）星形接线图；（b）电动势相量图

（二）三角形接线

三角形接线是将三相绕组的首、末端顺次连接成闭合回路，把三个接点顺次引出，三角形连接又有顺接、倒接两种接法。画接线图时，三相绕组应竖直平行排列，相序是由左向右，顺接是上一相绕组的首端与下一相绕组的末端顺次连接。倒接是将上一相绕组的末端与下一相绕组的首端顺次连接。画相量图时，仍将 B 相竖直向上画出，三相接点依次按顺时针排列，构成一个闭合的等边三角形，顺接时三角形指向右侧，倒接时三角形指向左侧，每相电动势与电压方向与星形接线相同，如图3-2-2所示。

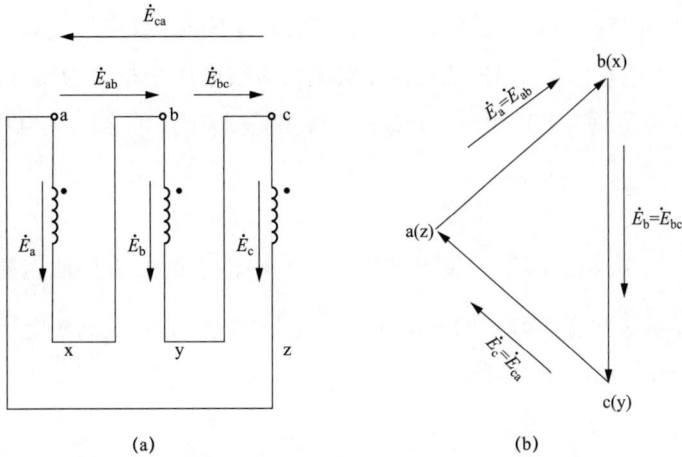

图3-2-2 三相绕组三角形接线图和电动势相量图

（a）三角形接线图；（b）电动势相量图

也就是说，相量图是按三相绕组的连接情况画出的，是一种位形图。其等电位点在图上重合为一点，任意两点之间的有向线段就表示两面三刀点间电动势的相量，方向均由末端指向首端。

连接三相绕组时，必须严格按绕组端头标志和接线图进行，不得将一相绕组的首、末端互换，否则会造成三相电压不对称、三相电流不平衡，甚至损坏变压器。

二、单相绕组的极性

变压器一、二次绕组之间的极性关系取决于绕组的绕向和线端的标志。当变压器一、二次绕组的绕向相同时，位置相对应的线端标志相同（即同为首端或同为末端）。在电源接通时，根据楞次定律，可以确定标志相同的端应同为高电位或同为低电位，其电动势的相量是同相的。如果仅将一次绕组的标志颠倒，则一、二次绕组标志相同的线端就为反极性，其电动势的相量即为反相。

三、三相变压器的连接组别

（一）连接组别基本知识

三相变压器中，三个一次绕组与三相交流电源连接应有两种接法，即星形连接和三角形连接。三相变压器一、二次绕组都可用星形连接、三角形连接，用星形连接时，中性点可引出，也可不引出，这样一、二次绕组可有如下的组合：Yy 或 Yyn；Yd 或 YNd；Dy 或 Dyn；Dd 等连接方式。

可以进一步用时钟表示法来说明一、二次绕组间电动势的相位关系。时钟盘上有两个指针，12 个字码，分成 12 格，每格代表一个钟，一个圆周的角度是 360°，故每格是 30°。变压器的连接组别就是用时钟的表示方法说明一、二次侧线电压的相位关系。

三相变压器的一次绕组和二次绕组由于接线方式的不同，线电压间有一定的相位差。以一次线电压作长针，把它固定在 12 点上，二次侧相应线电压相量作为短针，如果相差 330°，则二次线电压相量必定落在 330/30 = 11 点；如果相差 180°，那么二次电压相量必定落在 6 点上。

（二）Yy 连接

Yy 连接的一、二次绕组都采用星形连接，具有中性点的通常接地，提供电气系统的安全接地和稳定运行。这种连接方式的线电压是相电压的 $\sqrt{3}$ 倍，且三相电压波形相互之间相差 120°，有助于负载平衡和减少谐波。

（三）Yd 连接

Yd 连接的一次绕组采用星形连接，而二次绕组采用三角形连接，形成一个闭合的环路。这种连接方式常用于需要降低输出电压的场合。

目前我国标准变压器的接线组别有三种：

（1）Yyn12（Yyn0），一般用于容量不大（不超过 1600kVA）的配电变压器和变电站内变压器，供动力和照明负载。

（2）Yd11 用于中等容量、电压为 10kV 或 35kV 的电网及电厂中的厂用变压器。

（3）YNd11 一般用于 110kV 及以上电力系统中。

四、连接组别的判定

（一）Yy0 连接组标号

一、二次绕组都是星形连接，且一、二次绕组都以同极性端作为首端，所以一、二次绕组对应的相电动势同相位。根据相电动势与线电动势的关系，可看出一、二次侧的相位关系是同相的，用时钟表示法看，它们均指在 12 上，这种连接组标号就是 Yy0。

（二）Yy6 连接组标号

一、二次绕组仍为星形接线，但各相一、二次绕组的首端为反极性，一、二次绕组对应的相电动势反相。并可知一、二次绕组相对应的线电动势的相位移是 180°，当一次线电动势相量指向 12 时，对应的二次线电动势相量将指在 6 的位置上，这种连接组标号就是 Yy6。

（三）Yd11 连接组标号

一次绕组做星形连接，二次绕组为三角形顺接，各相一、二次绕组都以同极性端为首端。可以看出，二次线电动势滞后于对应的一次线电动势相量 330°，用时钟表示法可判定为 Yd11 连接组标号。

假如 Yd 连接的三相变压器各相一、二次绕组的首端为反极性，一次绕组仍然不变，二次绕组各相极性相反，且仍然顺接，按上述方法，就可判定是 Yd5 连接组标号。将 Yd11 和 Yd5 中的二次绕组端头标志逐相轮换，还将得到 3、7、9、1 四种连接组标号的数字。

如上所述，连接组标号不但与一、二次绕组的连接方法有关，而且与它们的绕线方向及线端标志有关，改变这三个因素中的任何一个，都会影响连接组标号。连接组标号的数字共有 12 个，其中偶数和奇数各 6 个，凡是偶数的，一、二次绕组的连接方法必定一致；凡是奇数的，一、二次绕组的连接方法必定不同。

连接组标号是变压器并列运行的条件之一。

五、连接组标号的测定

（一）绕组极性的测定

1. 直流感应法

将高压侧一相绕组的首端接电池正极，末端接电池负极，对应相低压侧线端接检流计。接通电路时，若检流计指针正向偏转，则与检流计正极相连的必定是首端；若检流计反向偏转，则与检流计正极相连的必定是末端，按此确定标志，则一、二次绕组的首端为同极性端。

2. 交流感应法

将同一相高、低压绕组的首端连接在一起，在高压侧的两端加一个不超过 250V 的交流电压，然后分别测量高、低压侧的电压，以及高、低压绕组末端间的电压。若高、低压绕组末端间电压等于高压侧电压与低压侧电压之差，则说明高、低压侧电压同相，即高、低压绕组的首端为同极性端。若高、低压绕组末端间电压等于高、低压侧电压之和，则说明高、低压侧电压反相，即高、低压绕组的首端不是同极性端。

（二）连接组标号的测定

将高压侧 A 端和低压侧 a 端连接在一起，在高压侧加一个不超过 250V 的三相交流电压，用电压表依次测量 B 相一次侧首端与 B 相二次侧首端、C 相二次侧首端之间的电压，C 相一次侧首端与 C 相二次侧首端间的电压。当 B 相一次侧首端与 C 相二次侧首端间的电压等于 C 相一次侧首端与 B 相二次侧首端间的电压，且二者均小于 B 相一、二次侧首端间的电压时，为 Yy0 连接组标号；当 B 相一、二次侧首端间的电压等于 B 相一次侧首端与 C 相二次侧首端间的电压，且二者均小于 C 相一次侧首端与 B 相二次侧首端间的电压时，为 Yd11 连接组标号。

六、变压器的并列运行

（一）变压器并列运行的定义

将两台或多台变压器的一次侧及二次侧同极性的端子之间，通过一母线互相连接，这种运行方式称为变压器的并列运行，其单线系统图如图 3-2-3 所示。

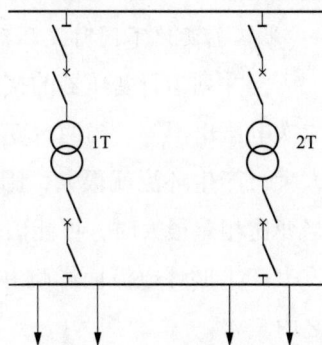

图 3-2-3　变压器并列运行单线系统图

27

（二）变压器并列运行的目的

1. 提高变压器运行的经济性

当负荷增加到一台变压器的容量不够用时，则可并列投入第二台变压器，而当负荷减少到不需要两台变压器同时供电时，可将一台变压器退出运行。这样，可尽量减少变压器本身的损耗，达到经济运行的目的。

2. 提高供电可靠性

当并列运行的变压器有一台损坏时，只要迅速将其从电网中切除，其他变压器仍可正常供电；检修某台变压器时，也不影响其他变压器的正常运行。这样减小了故障和检修时的停电范围。

（三）变压器并列运行的条件

变压器的并列运行固然具有很多优点，然而并非所有的变压器均能并列运行。变压器并列运行应同时满足下列条件：

（1）变压器的接线组别相同。

（2）变压器的变比相同（允许有 ±0.5% 的差值）。

（3）变压器的短路电压相等（允许有 ±10% 的差值）。

除满足以上三个条件以外，并列运行变压器的容量比一般不宜超过 3：1。以上并列运行条件中，前两个条件保证了变压器空载时绕组内不会有环流，第三个条件保证了负荷分配与容量呈正比。同时，考虑到容量不同的变压器短路电压值不相同，容量小的变压器短路电压小，因此对容量比有一定的要求。

七、不满足并列运行条件的后果

（一）接线组别不同时变压器并列运行的后果

当并列运行变压器的变比和短路电压相同，而接线组别不同时，变压器并列运行的回路中会产生环流。并列运行变压器的二次绕组内虽然没有接负载，但在回路中也会出现几倍于额定电流的环流，这个环流会烧坏变压器。因此接线组别不同的变压器绝对不能并列运行。

（二）变比不同时变压器并列运行的后果

当并列运行变压器的接线组别相同、短路电压相等，而变比不同时，并列运行变压器的二次电压也不等。当两台变压器空载时，二次回路就会有电压差，因此产生环流。变比相差太大，产生环流就很大，影响变压器容量的合理利用，因此降低了输出功率，增加了损耗。当变比相差很大时，可能破坏变压器的正常工作，甚至导致变压器损坏，为了避免变比相差过大产生循环电流而影响并列变压器的正常工作，并列变压器变比相差必须限制在 ±0.5% 之内。

（三）短路电压不等时变压器并列运行的后果

当并列运行变压器的接线组别和变比都相同，而短路电压不等时，变压器二次回路不会有环流，但影响两台变压器间的负荷分配。由于负荷分配与短路电压呈反比，也就是短路电流小的变压器分配的负荷大，如果这台变压器的容量小，则将首先达到满载，而另一台变压器容量没有被充分利用。因此短路电压不等的变压器并列运行时不能同时达到满载。

八、变压器并列运行的优缺点

（一）变压器并列运行的优点

变压器并列运行的优点有：

（1）可以提高供电的可靠性；

（2）可以根据负荷的大小调整投入并列运行变压器的台数，以提高运行效率；

（3）可以减少备用容量，并可随着用电量的增加，分期分批地安装新的变压器，以减少初始投资。

（二）变压器并列运行的缺点

1. 出现大马拉小车的现象

当负荷增加到一台不够用，而并列运行又不可能时，两台变压器分别带几条线路运行，由于出线固定，其中一台因带线路少或负荷小，就会出现大马拉小车现象，增加损耗。

2. 变压器过负荷

当线路用电负荷增大，而向它供电的一台变压器容量不够时，就会导致变压器过负荷，影响经济运行及供电可靠性。

九、三相变压器的不对称运行

（一）三相变压器不对称运行情况

三相变压器一次绕组外施电压一般都是三相对称电压。三相变压器出现不对称运行，主要是由三相负载不对称引起的，例如三相照明负载不均衡、带有较大的单相负载以及发生单相短路故障等。分析不对称运行的基本方法是对称分量法。

（二）中性点位移现象

Yyn 连接的三相变压器带单相负载时，二次侧有正序、负序和零序电流，一次侧由于无中线，只有正序和负序电流。这样，两侧正、负序电流分量所建立的磁动势恰好平衡，而二次零序电流分量建立的零序磁动势得不到平衡，就起励磁磁动势的作用，它在铁芯中产生零序磁通，并在各相绕组上感应出零序电动势。

虽然外加线电压对称，但由于在每相上叠加有零序电动势，因此造成了一、二次相电压不对称，这种现象称为中性点位移。中性点位移造成带负载相的端电压降低，其他两相端电压升高。中性点位移的程度取决于 $\dot{E}_0$ 的大小，而 $\dot{E}_0 = -\dot{I}_0 Z_{m0}$，$Z_{m0}$ 的大小又与磁路结构有关，所以中性点位移的程度取决于零序电流的大小和磁路结构。

对于三相芯式变压器，由于零序磁通遇到的磁阻较大，$Z_{m0} \approx Z_s$ 较小，因此只要适当限制中线电流，则 $\dot{E}_0$ 不致太大，中性点位移不严重，即一、二次相电压不对称程度较轻。在电力变压器运行规程中规定，只要中线（零序）电流不超过额定电流的 25%，就可认为变压器的相电压基本对称，变压器尚可正常运行。因此 Yyn 连接的三相芯式变压器可以带一定的单相负载运行。

对于三相组式变压器，由于零序磁通遇到的磁阻很小，$Z_{m0} = Z_m$ 很大，很小的零序电流就会产生很大的 $\dot{E}_0$，造成较大的中性点位移，使一、二次相电压严重不对称，即带负载一相的电压下降很多，而不带负载的两相电压升高很多，这将对绕组绝缘造成危害。在极端的情况下，如发生单相短路（$Z_L = 0$），即带负载一相的端电压降为零，而其他两相电压升高为线电压，即原来的 $\sqrt{3}$ 倍，这是非常危险的。因此三相组式变压器不能采用 Yyn 连接。

十、变压器励磁涌流

（一）变压器励磁涌流定义

变压器励磁涌流是变压器全电压充电时在其绕组中产生的暂态电流。变压器投入前铁芯中的剩余磁通与变压器投入时工作电压产生的磁通方向相同时，其总磁通量远远超过铁芯的饱和磁通量，因此产生极大的涌流，其中最大峰值可达到变压器额定电流的 6～8 倍。励磁涌流随变压器投入时系统电压的相角、变压器铁芯的剩余磁通和电源系统的阻抗等因素而变化，最大涌流出现在变压器投入时电压经过零点瞬间（此时磁通为峰值）。变压器涌流中含有直流分量和高次谐波分量，它们随时间衰减，其衰减时间取决于回路电阻和电抗，一般大容量变压器为 5～10s，小容量变压器约为 0.2s。

当变压器处于停电状态时，变压器铁芯内部的磁通接近或等于零，当给变压器充电时，铁芯内产生交变磁通，这个交变磁通从零到最大称为铁芯励磁，把这一过程产生的电流称为变压器励磁涌流。

（二）励磁涌流产生的原因

励磁涌流的产生与磁链守恒定律有关，磁链守恒定律的含义为：用电设备回路中的全体磁链总和在换路的瞬间时刻都是处于不变的。同时研究发现，变压器出现励磁涌流的问题时，变压器中的磁链仍然满足磁链守恒定理，以此为切入点对变压器的投运过程进行分析，变压器由空载运行转为带载运行时，在其接入负载的瞬间，变压器绕组上电压会突然增加，突增的电压将促使变压器内部出现一个新的磁通，与此同时，为了抵消这个突增电压导致的新磁通，变压器的绕组中将会产生一个与其大小相等但是极性相反的磁通，称为偏磁。变压器铁芯存在着一个饱和的上限，在铁芯不饱和时，变压器的励磁电流随磁通增长得很慢，励磁电流可以忽略不计，但当变压器铁芯饱和之后，励磁电流的增长将会非常迅速，这将直接导致励磁电流远远超过变压器的额定电流。

当变压器产生偏磁抵消磁通时常常会引起铁芯过饱和的问题，其直接表现就是励磁电流将显著增大。此外变压器并非理想元件，其内阻也会在一定程度上影响励磁电流的变化，因此在接入负载的过程中，变压器的内阻也会促使偏磁数值发生变化，这一变化也将反映在励磁电流上，并且其主要以下降的趋势为主，在这一过程中二者均逐渐减小，直至变压器内的磁通保持不变，这也意味着新磁通已经建立，变压器的上电过程结束。在这一过程中的磁通按照种类进行划分，主要分为以下几方面：

（1）剩磁。这是变压器在断电之后存在于磁路中的磁通的总称，其值的大小受到断电过程中交流电压分闸相位角的影响。

（2）偏磁。这也是本书主要的研究内容，其由接入负载时绕组上产生的突增电压生成，随时间推移逐渐减小，并受合闸相位角影响。

（3）稳定磁通。变压器稳定运行时其内部存在的磁通。

通过对这部分内容的研究和分析可知，当变压器中某一磁通过大时，将导致总磁通大于变压器铁芯能够承受的最大值，进而导致变压器的磁路呈现饱和现象，在这个现象的影响下，将会出现励磁涌流，对变压器的正常运行造成影响。

（三）避免励磁涌流的措施

避免励磁涌流的措施有：

（1）对合闸相位角进行控制。

（2）在合闸回路中串联使用阻尼电阻。

（3）安装涌流抑制器。

第三节　发电机基本工作原理

一、同步发电机和电枢反应

同步发电机是一种广泛应用的交流发电机。对旋转电机来说，同步发电机的特点是产生励磁磁场的转子的旋转速度 n 与定子多相电枢电流所产生的旋转磁场的旋转速度 n_1 是相同的。

（一）电枢反应

同步发电机在空载时，气隙里仅存在转子磁场（主磁场）。当定子绕组流过对称的三相电流时，其所建立的电枢磁动势将产生电枢磁场，故负载时，气隙里的磁场是由转子的励磁磁动势和电枢磁动势的共同作用产生的。换而言之，电枢磁动势必然对主磁场有影响。这种对称负载时电枢磁动势的基波对主磁场基波的影响，称为电枢反应。

电枢反应的性质（去磁、助磁或交磁），因负载的性质（感性、容性或阻性）和大小的不同而不同，它取决于电枢磁动势基波与励磁磁动势基波的空间相对位置，而此相对位置又与定子绕组的空载电动势 $\dot{E}_0$ 和电枢电流 $\dot{I}$ 之间的相位差有关，在此定义同步发电机输出的负

载电流 i 和空载电动势 $\dot{E}$ 之间的夹角称为内功率因数角 Ψ，$\Psi = 0°$ 为 i 与 $\dot{E}_0$ 同相，$\Psi > 0°$ 表示 i 滞后于 $\dot{E}_0$，$\Psi < 0°$ 表示 i 超前于 $\dot{E}_0$。下面分析不同负载性质时的电枢反应。

（二）电枢反应与能量转换

同步发电机带上负载后，电枢电流建立了磁场。它和转子之间不仅有电磁作用，还有力的作用。下面借简单而形象的方法来分析不同性质负载在发电机内部引起的能量变换情况。

1. 有功电流在发电机内部产生的电磁力矩

当电枢电流和电动势同相，即 $\Psi = 0°$ 时，发电机绕组流过有功电流（顺便指出，在实际工作中将与端电压同相的电流称为有功电流），产生交轴电枢反应磁通（Φ_a），如图 3-3-1 所示。该磁通（设此瞬时电枢磁动势正好转到 A 相绕组 A—X 的轴线上）与励磁绕组 R_1—R_2 中的电流作用，产生电磁力矩 F_1—F_2，该力矩是逆着转子转向 n 的，是阻力矩。发电机轴上从原动机传来的主力矩，主要就是克服电磁力矩做功而将机械能转换为电能使发电机输出有功功率。若输出有功功率增大，则需要从原动机传来的主力矩也越大。

2. 感性无功电流使发电机的端电压降低

当电枢电流滞后电动势 90°，即 $\Psi = 90°$ 时，发电机流过感性无功电流，此时产生纵轴电枢反应磁通，如图 3-3-2 所示。该磁通与励磁绕组中的电流作用不能产生力矩，而只能产生如图 3-3-2 中 F_1、F_2 所示的作用在同一直线上的力。但该磁通能对转子磁场起去磁作用，使气隙磁场削弱，从而使发电机的端电压降低。这就是发电机带感性负载使端电压下降的主要原因。要维持电压不变，应增加发电机的励磁电流。

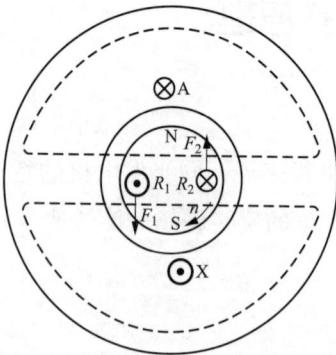

图 3-3-1　有功电流产生力矩的示意图

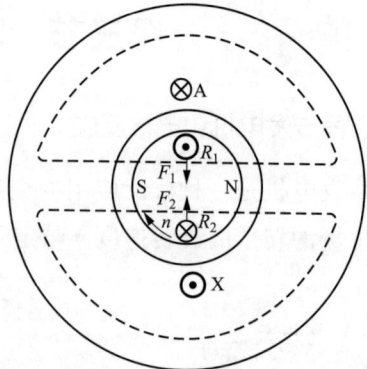

图 3-3-2　感性无功电流流过发电机的情况

3. 容性无功电流使发电机的端电压升高

当发电机绕组流过容性无功电流，即电枢电流超前电动势 90°（$\Psi = 90°$）时，与上述流过感性无功电流时的情况所不同的是，电枢反应磁通对主磁场起助磁作用，使气隙磁场增强，因而使发电机的端电压升高。同步发电机在接通高压空载长线路（可看成容性负载，因线与线间及线与地间有电容）时，常发生端电压不断升高的"自激"现象就是一个例子。

在一般情况下，发电机既带有功负载又带感性无功负载。有功电流会影响发电机的转速

（频率），无功电流会影响发电机的电压。为了保持电压和频率在容许的范围内，必须随负载的变化及时调节发电机原动机的输入功率和发电机的励磁电流。

二、同步发电机的运行特性

（一）空载特性

同步发电机的空载特性，是指发电机以额定转速空载运行时，空载电压 U_0（或 E_0）和励磁电流 I_e 的关系，即 $I=0$ 时的 $U_0=f(I_e)$。

做空载试验可取得空载特性曲线。试验时，应维持发电机的转速不变，逐渐增励磁电流，直到空载电压等于 1.3 倍额定电压为止。在增加励磁电流的过程中，读取若干励磁电流及其相应的电压值，便可作出空载特性的上升分支。减小励磁电流，依次读取数值，便得下降分支。由于铁芯磁滞现象，使上升分支和下降分支不重合，当 I_e 减小到零时，因有剩磁，空载电压不为零。实际应用的空载特性，可取上述两分支的平均值，如图 3-3-3 中虚线所示。一般，还将此平均值的曲线右移，便得如图 3-3-3 所示的通过原点的空载特性曲线。

空载特性曲线实际上是特定磁路的磁化曲线，故具有磁化曲线的特征。它的开始部分是直线，说明铁芯未饱和。曲线的后一段弯曲，说明铁芯已饱和。

空载特性曲线是发电机的一条基本特性曲线，用它可求得同步发电机的参数，如未饱和的同步电抗值等。在实际生产中，也可用它来判断同步发电机的定子铁芯有无片间短路等。

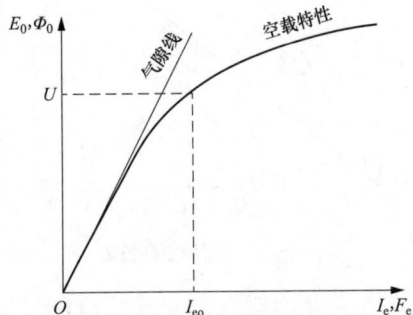

图 3-3-3 同步发电机空载特性曲线

（二）短路特性和短路比

1. 短路特性

所谓短路特性，是指发电机在定子三相绕组端头短路，并保持额定转速的情况下，定子稳态短路电流（即此时的电枢电流 I）与励磁电流 I_e 的关系曲线，即 $U=0$ 时的 $I=f(I_e)$。

短路特性可通过同步发电机的短路试验来求取。试验时，先将发电机定子的三相绕组出

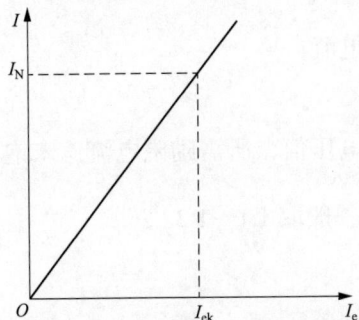

图 3-3-4 同步发电机的短路特性

线端短路，然后维持额定转速，逐步增加励磁，读取励磁电流及与之相应的电枢电流值，直到电枢电流达到额定值为止。短路特性如图 3-3-4 所示。

短路时，$U=0$，在忽略电枢电阻 r_s 的情况下，则

$$\dot{E}_0 = jIx_d \qquad (3-3-1)$$

说明电动势仅用来平衡同步电抗上的电压降。此时，发电机相当于一个纯电感线圈，电流是纯感性的，$\psi=90°$，电枢磁动势是起去磁作用的纵轴磁动势，铁芯中的实际合

成磁通很小，所以铁芯不饱和。由于此情况下，$I \propto E_0$，又因 $E_0 \propto I$，故 $I \propto I_e$，即短路特性是一条直线。

利用短路特性和空载特性配合，可求出未饱和的同步电抗值及短路比。

2. 短路比

短路比是同步发电机设计中用到的一个重要数据，其大小对运行影响也很大。所谓短路比，就是在对应于空载额定电压的励磁电流 I_{e0} 励磁下，定子稳态短路电流 I_{k0} 和定子额定电流 I_N 之比，即

$$k = \frac{I_{k0}}{I_N} \tag{3-3-2}$$

从图 3-3-5 所示的短路特性和空载特性可以求出短路比。

按比例关系，又可得如下关系，即

$$k = \frac{I_{k0}}{I_N} = \frac{I_{e0}}{I_{ek}} = \frac{E_{0\delta}}{E_{0N}} \tag{3-3-3}$$

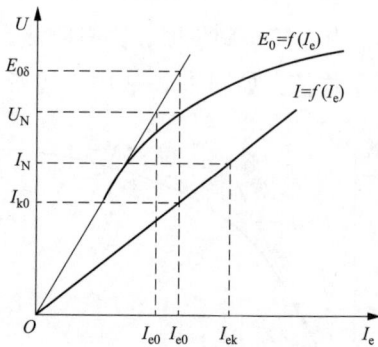

图 3-3-5 短路比的确定

式中 I_{e0} ——空载时产生额定电压的励磁电流；

I_{ek} ——短路时产生额定电枢电流的励磁电流；

$E_{0\delta}$ ——未饱和时相应于 I_{e0} 的感应电动势；

E_{0N} ——未饱和时相应于 I_{ek} 的感应电动势。

这样，短路比又可以说是空载时产生额定电压和短路时产生额定电枢电流所需的励磁电流之比。

因为短路时，$E_{0N} = I_N x_d$，x_d 的标幺值可写为

$$x_{d*} = \frac{I_N x_d}{U_N} = \frac{E_0}{U_N} \tag{3-3-4}$$

将式（3-3-4）代入式（3-3-3）可得

$$k = \frac{E_{0\delta}}{E_{0N}} = \frac{E_{0\delta}}{U_N} \times \frac{U_N}{E_{0N}} = \frac{I_{e0}}{I_{e\delta}} \times \frac{1}{E_{0N}/U_N} = k_b \frac{1}{x_{d*}} \tag{3-3-5}$$

式中 $I_{e\delta}$ ——空载时磁路未饱和得到额定电压 U_N 所需的励磁电流；

x_{d*} ——同步电抗未饱和值；

k_b ——饱和系数，由于磁路饱和，要得到同样的额定电压值，所需励磁电流比未饱

和时增加了 $k_b = \dfrac{I_{e0}}{I'_{ek}}$，它表明磁路饱和的程度，一般取 1.1～1.2。

如果磁路不饱和，则

$$k = \frac{1}{x_{d*}} \tag{3-3-6}$$

短路比的大小对同步发电机的影响，可从以下几方面看：

（1）影响发电机的尺寸。短路比大，即气隙大，励磁安匝就需要的多，故需要增加发电机的尺寸、用铜量和造价。

（2）影响运行的静态稳定度。短路比大，即 x_d 小，静稳定极限就越高。

（3）影响发电机运行的其他方面，如短路比大，则电压随负载的波动幅度越小，励磁电流随负载变化的程度也越小，而短路电流则较大等。

我国制造的汽轮发电机的短路比为 0.5～0.7；水轮发电机的短路比为 1.0～1.4。水轮发电机之所以选较大的短路比，主要是考虑稳定问题。

（三）外特性和电压变化率

1. 外特性

所谓外特性，是指同步发电机在额定转速下保持励磁电流、功率因数不变，其端电压和负载电流的关系曲线，即 $n = n_N$、I_e 为常数、$\cos \varphi$ 为常数时，$U = f(I)$ 曲线。

外特性可用直接负载法测定。维持不同的功率因数，可得到不同的外特性。

图 3-3-6 示出了不同功率因数时同步发电机的外特性。

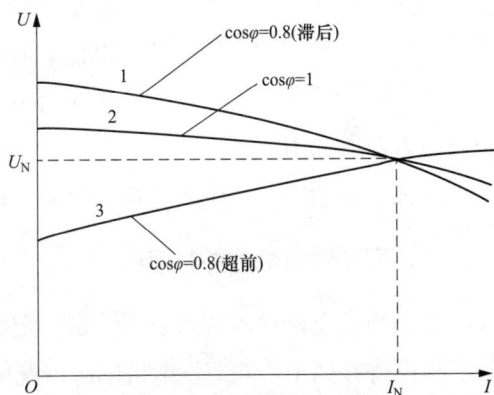

图 3-3-6　不同功率因数时同步发电机的外特性

从图 3-3-6 可以看出，在感性负载 $[\cos \varphi = 0.8$（滞后）$]$ 的情况下，外特性是下降的，且降落较大，因为此时电枢反应是去磁的，且还有漏阻抗电压降的影响。在容性负载的情况下，外特性有可能是上升的 $[$ 如图 3-3-6 中 $\cos (\varphi) = 0.8$（超前）的曲线 $]$，这是因为电枢反应是助磁的。在阻性负载（$\cos \varphi = 1$）的情况下，外特性也会下降。降落原因可认为是 φ 和 ψ 不同，即使 $\varphi = 0$，ψ 仍大于零，仍有一部分去磁的电枢反应，此外，也有漏阻抗电压降的影响。

外特性可用来分析发电机在运行中的电压情况，并借此提出对自动调节励磁装置调节范围的要求。

2. 电压变化率

一般用电压变化率来表达运行时电压的波动程度。电压变化率是指同步发电机在额定转速和额定励磁电流（发电机在额定工况下所对应的励磁电流，称为额定励磁电流 I_{eN}）下，从额定负载转变到空载时端电压变化的百分数（对额定电压），可表示为

$$\Delta U = \frac{E_0 - E_N}{E_N} \times 100\% \qquad (3\text{-}3\text{-}7)$$

汽轮发电机的 ΔU 为 30%～48%，水轮发电机的 ΔU 为 18%～30%。

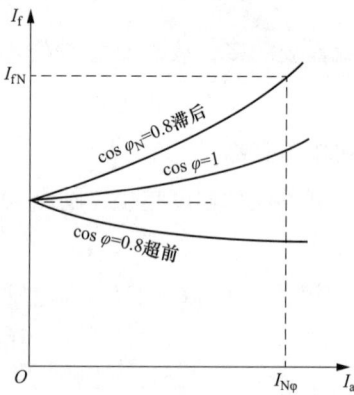

图 3-3-7　不同功率因数下同步
发电机的调整特性

（四）调整特性

在运行中，如果发电机负载发生变化，为了保持端电压不变，必须调节励磁电流。调整特性是指在额定转速时，保持端电压、功率因数不变的情况下，励磁电流与负载电流之间的关系，即 U 为常数、$\cos\varphi$ 为常数时，$I_e = f(I)$ 曲线。

图 3-3-7 示出不同功率因数下同步发电机的调整特性。

从图 3-3-7 可以看出，在滞后的功率因数［如 $\cos\varphi = 0.8$（滞后）］下，调整特性上升，这主要是因为在此情况下电枢反应去磁作用加强，要维持电压不变，必须增加励磁电流。在超前的功率因数下，调整特性可能是下降的，如图 3-3-7 中 $\cos(\varphi) = 0.8$（超前）的曲线所示，其原因是电枢反应有助磁作用。

利用这些曲线，可使电力系统中无功功率的分配更加合理。

三、同步发电机的并联运行

将同步发电机并入电网必须满足一定的条件，否则会产生很大的冲击电流而造成严重后果。根据待并列（待并）发电机励磁情况的不同，并列方法和条件也不同。

（一）准同期并列法

已励磁的发电机要并入电网均采用准同期并列法。为使合闸时在定子绕组中不产生冲击电流和并列后能稳定运行，并列时必须满足以下条件：

（1）待并发电机的电压 U 和电网电压 U_w 大小相等。

（2）待并发电机电压的相位和电网电压相位相同。

（3）待并发电机的频率 f 和电网频率 f_w 相等。

（4）待并发电机电压的相序和电网电压相序相同。

对于已安装完毕投入使用的发电机，若第（4）个条件已满足，则在进行并列操作时，只需调整发电机使之满足前三个条件即可。

如果不符合上述条件进行并列，则将产生不良后果。下面以隐极式同步发电机（简称隐极机）为例，对逐个条件进行分析。为了便于分析，在讨论其中某一条件不得满足时，假定其他条件都是符合的。

1. 电压大小不等

由于三相对称，就用图 3-3-8 所示的单相线路图来分析。图中的 x_d'' 为次暂态电抗，它是发电机在过渡过程中一相绕组的感抗。

在 $U \neq U_w$ 的情况下，断路器 QF 未合闸时，a、b 点间存在着电压差，$\Delta\dot{U} = \dot{U} - \dot{U}_w$。在 $\Delta\dot{U}$ 的作用下，会有冲击电流流过。假定电网为无穷大容量电网（U_w 为常数，f_w 为常数，

综合阻抗为零），则冲击电流的交流分量为（忽略待并发电机的电枢电阻）

$$\dot{I}_{cj} = \frac{\Delta \dot{U}}{j x_d''} \qquad (3-3-8)$$

$\dot{I}_{cj}$ 是无功性质的，它落后 $\Delta\dot{U}90°$，其相量图如图 3-3-9 所示。由于 x_d'' 值很小，即使 ΔU 较小，冲击电流也可能达到很大的数值。该电流将对发电机的定子绕组产生作用力。

2. 电压相位不同

这时将出现因相位不同而形成的电压差，$\Delta\dot{U}=\dot{U}-\dot{U}_w$，因此在合闸时也有冲击电流 $\dot{I}_{cj}$。当 $\dot{U}$ 和 $\dot{U}_w$ 的相位相差 180° 时，$\Delta\dot{U}$ 最大，如图 3-3-10（a）所示。此时，冲击电流有最大值，可达额定电流的 20 多倍，很可能会损伤定子绕组的端部。若 $\dot{U}$ 和 $\dot{U}_w$ 的相位差在 0°~180° 范围之内，如图 3-3-10（b）所示，则 $\dot{I}_{cj}$ 不仅有无功分量，还有有功分量 $\dot{I}_y$。此电流将在发电机轴上产生冲击力矩。

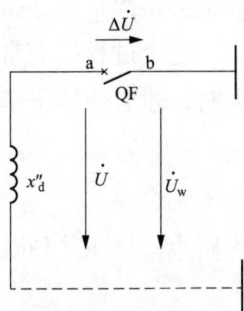

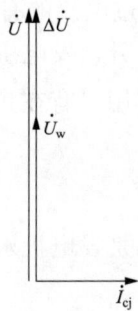

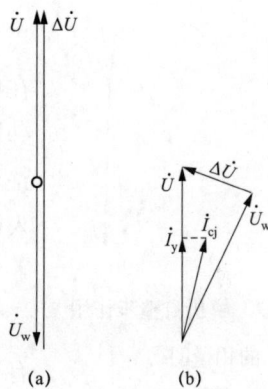

图 3-3-8 单相线路图　图 3-3-9 电压不等时的相量图　图 3-3-10 电压相位不一致时的相量图

（a）$\dot{U}$ 和 $\dot{U}_w$ 相差 180°；（b）$\dot{U}$ 和 $\dot{U}_w$ 有相位差时

3. 频率不等

为了形象地说明在这种情况下出现的电压差，现将某一瞬时两种不同频率的电压相量画在一个图上，如图 3-3-11（a）所示。由于 $\dot{U}$ 和 $\dot{U}_w$ 频率不等，所以两个相量的旋转速度也不一样（$\omega \neq \omega_w$），即其间有相对运动。可以认为 $\dot{U}_w$ 不动，$\dot{U}$ 以 $\Delta\omega=\omega-\omega_w$ 的角速度旋转。此时，电压差 $\Delta u=u-u_w$ 是变化的，其值在 0~$2U_w$ 之间波动。u、u_w 及 Δu 的波形如图 3-3-11（b）所示。这种瞬时值的幅值有规律的时大、时小变化的电压称为拍振电压。此电压产生的拍振电流也是时大时小的变化，电流的有功分量和转子磁场作用，使机轴上的力矩也时大时小的变化，故发电机产生振动。如果频差过大，发电机将很难拉入同步。

如果频率相差不大，则合闸后 Δu 将起"自整步"作用。原理如下：

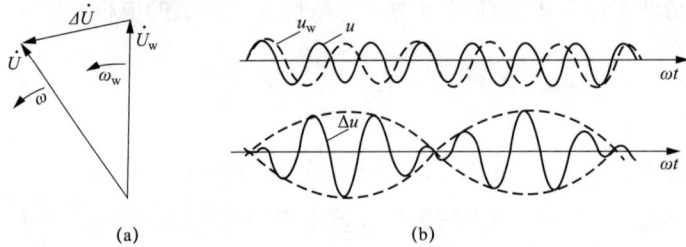

图 3-3-11 频率不等时的相量图和波形图

（a）相量图；（b）波形图

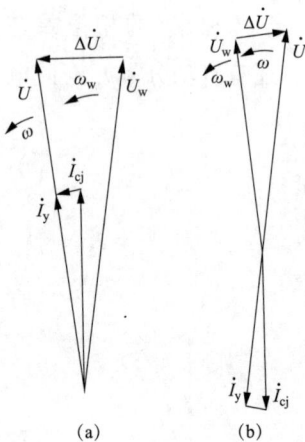

图 3-3-12 解析自整步作用
的相量图

（a）$f > f_w$；（b）$f < f_w$

当发电机频率 f 高于电网频率 f_w 时，相应的角速度 $\omega > \omega_w$，则 $\dot{U}$ 超前 $\dot{U}_w$，如图 3-3-12（a）所示。在电压差的作用下，出现 $\dot{I}_{cj}$，其有功分量 $\dot{I}_y$ 将对发电机转子产生制动力矩。于是，转子减速，发电机趋于和电网（定子旋转磁场代表电网）同步。当 $f < f_w$ 时，$\omega < \omega_w$，则 $\dot{U}$ 滞后 $\dot{U}_w$，如图 3-3-12（b）所示，在 $\Delta \dot{U}$ 的作用下，流过电流的有功分量 $\dot{I}_y$ 会对转子产生帮助转动的力矩，使转速上升，发电机也趋向同步，这个过程称为自整步作用。但这种作用只有在频率相差不大时，才能使转子牵入同步。

4. 相序不同

相序不同的后果是发电机永远不能拉入同步，且在并列时有很大的冲击电流。

凡已励磁的发电机，不符合并列条件而进行并列时，称为非同期并列。非同期并列时可能产生很大的冲击电流，将严重损坏发电机及有关的电气设备。

（二）自同期并列法

准同期并列虽有避免冲击电流的优点，但在事故情况下，往往会因电网电压、频率不断变动，而不易使发电机调到满足并列条件的要求，费时较长，所以还可采用自同期并列法。这种方法的操作步骤是，将转子的励磁绕组经过一个电阻闭路，在不给励磁的情况下，先将发电机的转速升到额定值，合上并列用的断路器，紧接着加上励磁，将发电机拉入同步。简言之，先并网，后给励磁。

自同期并列相当于把一个带铁芯的电感线圈接入电网，合闸瞬间也是有冲击电流的。该电流的周期分量为

$$\dot{I}_{cj} = \frac{\dot{U}}{jx_d''} \qquad (3-3-9)$$

式中，$\dot{U}$ 可取发电机的额定电压。

一般只有当冲击电流小于规程规定的容许值时才允许采用这种方法并列。

自同期并列时，励磁绕组串联电阻是为了防止合闸瞬间电枢磁通突变在该绕组上出现过电压发生绝缘击穿。此外，还要求母线上的电压降低值和电压恢复时间都在允许的范围内。

自同期并列法虽有并列迅速、装置简单等优点，但它有较大的冲击电流和合闸时电压降低等缺点，故在火电厂中一般不采用此法，而在水电厂中有采用这种方法的。

四、同步发电机的功角特性

（一）有功功率的平衡

同步发电机由原动机（汽轮机或水轮机等）带动旋转。从机轴上输入的机械功率 P_1 减去损耗，才得到输出功率 P_2。损耗中包括机械损耗 P_{jj}、铁耗 P_{tj}、附加损耗 P_{fj} 和定子铜耗 P_{t0}，输入功率扣除前三种损耗后，即是电磁功率 P_{dc}，故

$$P_{dc} = P_1 - (P_{jj} + P_{tj} + P_{fj}) \qquad (3-3-10)$$

电磁功率是从转子通过气隙合成磁场传递到定子绕组的。

需要指出，励磁损耗与励磁装置有关，如果采用同轴励磁机，则 P_1 中还要扣除励磁机全部功率，才是电磁功率 P_{dc}。电磁功率减去电枢绕组中的铜损耗 P_{t0}，便得到发电机的输出功率 P_2，即

$$P_2 = P_{dc} - P_{t0} \qquad (3-3-11)$$

在大、中型同步发电机中，P_{t0} 不超过额定功率的 1%。因此

$$P_{dc} \approx P_2 = mUI\cos\varphi \qquad (3-3-12)$$

式中　U、I、$\cos\varphi$——发电机的相电压、相电流和功率因数；

m——相数。

各功率和力矩间的关系是 $P = \Omega M$。其中，P 为功率，M 为力矩，$\Omega = 2\pi\dfrac{n}{60}$ 为转子的机械角速度。故式（3-3-10）除以 Ω，可得同步发电机的力矩平衡方程式为

$$M_{dc} = M_1 - (M_{jj} + M_{tj} + M_{fj}) \qquad (3-3-13)$$

式中　　M_{dc}——电磁力矩（在这里是指与电磁功率对应的、有制动性质的阻力矩）；

M_{jj}、M_{tj}、M_{fj}——对应于 P_{jj}、P_{tj}、P_{fj} 的制动阻力矩；

M_1——机械力矩（与输入功率 P_1 对应的驱动性质的主力矩）。

在后面分析运行问题时，M_{dc} 和 M_1 两个主要力矩要时常提到。同步发电机的电磁力矩有时称为同步力矩。

式（3-3-10）仅表示电磁功率与发电机外部诸量的关系，为了弄清电磁功率与发电机内部电磁过程的关系，我们可导出电磁功率与发电机本身参数 x_d 及内部电磁 $\dot{E}_0$ 关系的表达式。这种表达式就是功角特性。

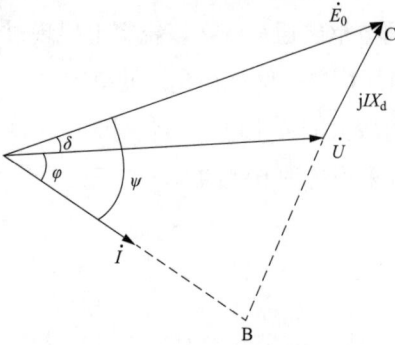

图 3-3-13   隐极机的电动势向量图

（二）功角特性

1. 隐极机的功角特性

假如铁芯未饱和，并略去电枢绕组电阻，根据隐极机的简化相量图，作辅助线（见图 3-3-13）可得如下关系，即

$$I\cos\varphi = \frac{E_0}{x_\mathrm{d}}\sin\delta \qquad (3\text{-}3\text{-}14)$$

将式（3-3-14）代入式（3-3-12）即得

$$P_\mathrm{dc} = mUI\cos\varphi = m\frac{E_0 U}{x_\mathrm{d}}\sin\delta \qquad (3\text{-}3\text{-}15)$$

此关系式即为隐极机的功角特性。

δ 称为功率角，简称功角。它有两重意义：一是它为 $\dot{E}_0$ 和 $\dot{U}$ 这两个时间相量的夹角；二是可认为它是转子磁极轴线与合成等效磁极（简称定子磁极）轴线之间的空间夹角。对于后者，可以这样来理解：$\dot{E}_0$ 是由发电机的主磁通 $\dot{\Phi}_0$ 感应的，$\dot{U}$ 可以看成是由合成总磁通（包括主磁通、电枢反应磁通和漏磁通）产生的，而合成总磁通又是由合成等效磁极产生的。据空间相量和时间相量的对应关系，主磁通和合成总磁通之间的时间相角，也就是转子磁场轴线和合成磁场轴线在空间的夹角，如图 3-3-14 所示。由图可知，δ 角就是转子极轴和假想的定子等效磁极极轴之间的角度。在气隙里通过的磁力线是斜的，它们使两磁极间产生磁拉力。这些磁力线像橡皮筋一样，有弹性地将转子磁极和定子磁极联系在一起。对于并在无穷大电网的发电机，在励磁电流不变的情况下，δ 角越大，则磁拉力越大，相应的电磁力矩和电磁功率也越大。

从式（3-3-15）可知，电磁功率与功角的关系是以 $m\dfrac{E_0 U}{x_\mathrm{d}}$ 为最大值的正弦函数，在直角坐标中如图 3-3-15 所示。

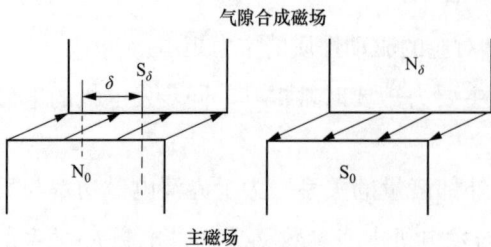

图 3-3-14   等效磁极

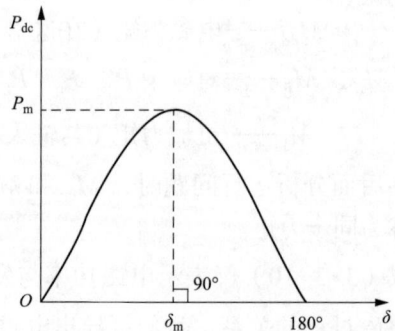

图 3-3-15   隐极机的功角特性

从功角特性可知，对于隐极机，当 δ 角在 0°～90° 范围内时，功角增大，电磁功率也增

大。$\delta = 90°$时，产生的电磁功率达到最大值，即$P_{\mathrm{m}} = m\dfrac{E_0 U}{x_{\mathrm{d}}}$，这个值称为功率极限值。当$\delta$在90°~180°范围内时，功角增大，电磁功率反而减小。当$\delta = 180°$时，电磁功率为零。当δ超过180°时，电磁功率改变符号，由正变负，说明发电机不向外输送有功功率，反而从电网吸收有功功率，此即转入同步电动机运行状态。

2. 凸极机的功角特性

凸极机的简化相量图（忽略r_{s}）如图3-3-16所示。据式（3-3-12）和相量图，可得

$$P_{\mathrm{dc}} = m\frac{E_0 U}{x_{\mathrm{d}}}\sin\delta + m\frac{U^2}{2}\left(\frac{1}{x_{\mathrm{q}}} - \frac{1}{x_{\mathrm{d}}}\right)\sin 2\delta = P_{\mathrm{dc}}' + P_{\mathrm{dc}}'' \tag{3-3-16}$$

$$P_{\mathrm{dc}}' = m\frac{E_0 U}{x_{\mathrm{d}}}\sin\delta \tag{3-3-17}$$

$$P_{\mathrm{dc}}'' = m\frac{U^2}{2}\left(\frac{1}{x_{\mathrm{q}}} - \frac{1}{x_{\mathrm{d}}}\right)\sin 2\delta \tag{3-3-18}$$

式中　　P_{dc}'——基本电磁功率；

　　　　P_{dc}''——附加电磁功率。

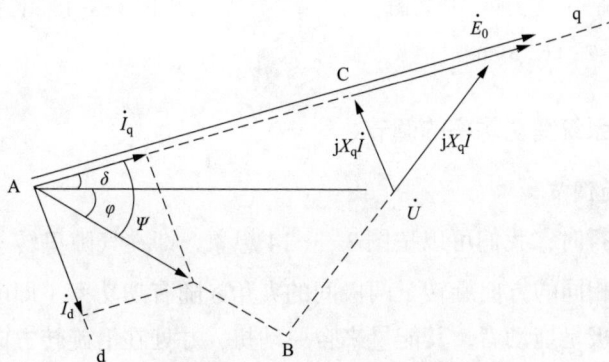

图3-3-16　凸极机的简化相量图

由此可见，凸极机的电磁功率包括两部分：一是基本电磁功率，它与稳极机的电磁功率具有同样的性质；二是附加电磁功率。附加电磁功率有两个特点：① 与励磁电流无关；② 它是由于纵、横轴磁阻不同（$x_{\mathrm{q}} \neq x_{\mathrm{d}}$）引起的。

对应附加电磁功率，必有一个附加电磁力矩。这个力矩的产生，具有如下的物理意义：

图3-3-17示出凸极机的转子。当没有励磁电流时，因定子侧与电网相连，仍有电枢电流，故气隙里仅有定子磁场。用 N、S 表示定子旋转磁场的磁极。转子被磁化后才呈现极性，定、转子间出现磁力线的联系。当转子纵轴（d—d）与定子磁极轴线重合时（$\delta = 0°$），

如图 3-3-17（a）所示，磁力线对称而均匀地穿过转子，这时只有作用在同一轴线上的定、转子间相吸的力。如果转子纵轴与定子磁极轴线错开一个角度（$\delta \neq 0°$），如图 3-3-17（b）所示，则磁力线被拉长。拉长后的磁力线又力图收缩，因而有图中箭头所示的力矩产生。这一力矩即为以上所说的附加电磁力矩，又称反应力矩。它的方向总是趋向于将转子轴线拉回，使其与定子磁极的轴线重合。

凸极机的功角特性如图 3-3-18 所示。由于 P_{dc}'' 的存在，合成曲线 P_{dc} 的最大值在 $\delta < 90°$ 的地方。

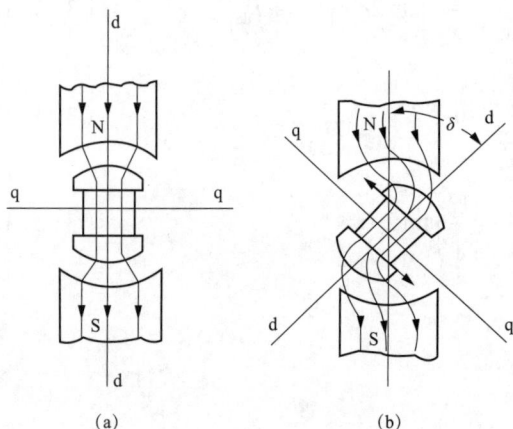

图 3-3-17　说明反应力矩的原理图

（a）$\delta = 0°$；（b）$\delta \neq 0°$

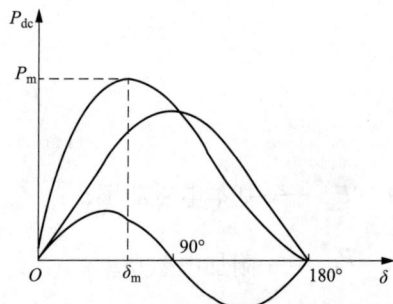

图 3-3-18　凸极机的功角特性

五、单机无穷大系统有功功率的调节

（一）有功功率的调节

同步发电机在运行时，我们可以按图 3-3-14 想象，即在气隙里转子磁极和定子磁极是用"橡皮筋"连着以相同的方向旋转。两极间的夹角 δ 随有功功率（即电磁功率）的大小而变。在这里，转子磁极是拖动者，其能量来自原动机，并处在沿旋转方向的前面；定子磁极是被拖动者，它在后面，转子磁极通过"橡皮筋"拖着定子磁极旋转。再加上有功负载的情况下，转子受到与电磁功率相应的阻力矩的作用，由原动机传来的主力矩要克服阻力矩而做功，将机械能转换为电能。

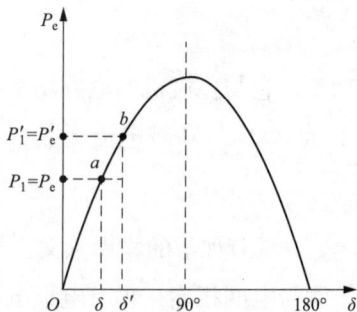

图 3-3-19　有功功率调节在功角特性上的反映

设发电机原处于输入某一功率 P_1 的稳定运行状态（见图 3-3-19 a 点），此时功率平衡，力矩也平衡。若要增加有功功率，其过程如下：当开大汽轮机的气门增加蒸汽量时，发电机的输入功率 P_1 就增加，也即增大轴上的力矩 M_1。此时，主力矩大于阻力矩 M_{d0}，出现剩余力矩。于

是，转子在剩余力矩作用下加速，使功角增大，输出的有功功率就增加，从而阻力矩也就增大。当阻力矩增大到与主力矩相等时，转子就停止加速，发电机又处于新的平衡状态（见图 3-3-19 b 点）。这时，功角已由 δ 增到 δ'，相应的电磁功率增到 P_1'。由此可见，要想增加输出的有功功率，必须增加来自原动机的输入功率，同时功角也增大。

减小有功功率的调节过程，与此相反。

（二）静稳定概念

在功率变化的过程中，能否重新建立平衡状态，使发电机继续保持稳定运行，是发电机运行稳定性的问题。当电网或原动机偶然发生微小的扰动，并待扰动消失以后，如果同步发电机能自行恢复到原来的状态，则发电机是静态稳定（静稳定）的；反之，就是不稳定的。

以图 3-3-20 所示的功角特性来解析静稳定问题。输入功率 P 对应的工作点有两个：a 和 b。发电机只有工作于 a 点才能稳定运行，在 b 点是不能稳定运行的。

先分析 a 点。假如由于某种短时而微小的扰动，使原动机的输出功率增加 ΔP，转子转速增加 Δn，从而使功角也相应地增加 $\Delta \delta$。发电机的运行点抵达 c 点，相应的电磁功率

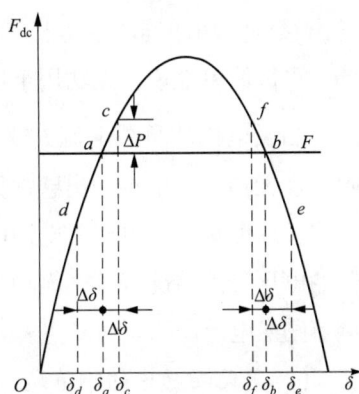

图 3-3-20　用来解析静稳定的
功角特性

也增加了 ΔP。但很快扰动就消失，发电机发出的电磁功率便大于输入功率。功率差造成力矩差，该力矩差是制动性质的。在此力矩差的作用下，转子减速、功角减小，工作点又回到 a 点，在此点稳定运行。由于惯性，在回到 a 点稳定运行之前，发电机的转速要经过一个振荡过程，即转子转速在额定转速上下要经过若干次小的来回振荡的变化过程。同样，由于微小扰动，转子减速，当功角减小 $\Delta \delta$ 时，工作点变到 d 点。这时，又出现功率差和相应的力矩差。在此力矩差的作用下，转子加速、功角增大，这样经若干次小振荡后，工作点又回到 a 点。由此可见，在 a 点发电机是能稳定运行的，也就是说是静态稳定的。

再分析 b 点。如果因上述微小的扰动使功角从 δ_b 增至 $\delta_e(\delta_e = \delta_b + \Delta \delta)$，这时，电磁功率反而变小，输出功率小于输入功率，功率差和相应加速性质的力矩差，更使转子加速、δ 增大，即使原动机的输出功率已恢复到原来的数值 P，但因此时电磁功率变得越来越小而得不到平衡，这样继续发展下去，将使发电机转子更加加速。如不进行调节，最终将导致转子磁极和定子磁极失去同步。这种情况称为发电机"失步"。此时，发电机将被迫与电网解列。如果上述微小的扰动使功角变小，即从 δ_b 减到 $\delta_f(\delta_f = \delta_b - \Delta \delta)$，电磁功率将变大，出现制动性质的力矩差，使功角继续变小。这种状态继续下去，最后会使工作点达到 a 点，在此点得到功率平衡而稳定下来。由此可见，在 b 点，发电机是不能稳定运行的，也就是说是不稳定的。

六、单机无穷大系统无功功率的调节

（一）无功功率的物理概念

在交流电能的发、输、用过程中，用于转换成非电、磁形式（如光、热、机械能等）的那部分能量，称为有功；用于电路内电、磁场间交换的那部分能量，称为无功。对应转换的那部分能量的平均功率，称为有功功率；对应交换的那部分能量的最大瞬时功率，称为无功功率。

就电力系统来说，习惯上将感性负载（如异步电动机等）看作是无功的"消耗者"；将送出感性无功的同步发电机和能与感性负载交换无功功率的容性负载看成是无功电源。因此，可以简单地说：无功用于建立交变磁场的能量，并给有功的转换创造条件。

当发电机的负载电流 $\dot{i}$ 滞后 $\dot{E}_0$ 时，发电机送出感性无功；而当 $\dot{i}$ 超前 $\dot{E}_0$ 时，发电机吸收感性无功。发电机送出感性无功时，电枢反应是去磁的，将使电压降低。所以，无功能比较明显地影响电网电压，电网电压偏离额定值的程度与无功的供、求情况及输电线路和变压器的电压降落情况有关，无功不足，将使电压过低。对同步发电机来说，调节无功功率就需调节励磁电流。

（二）无功功率的调节

与有功功率相似，无功功率也与功角有关。发电机的无功功率为

$$Q = mUI \sin \varphi \qquad (3-3-19)$$

对于凸极机，据图 3-3-16，可得

$$Q = m \frac{E_0 U}{x_d} \cos \delta - m \frac{U^2}{2} \cdot \frac{x_d + x_q}{x_d x_q} + m \frac{U^2}{2} \cdot \frac{x_d - x_q}{x_d x_q} \cos 2\delta \qquad (3-3-20)$$

对于隐极机，因 $x_d = x_q$，故

$$Q = m \frac{E_0 U}{x_d} \cos \delta - m \frac{U^2}{x_d} \qquad (3-3-21)$$

式（3-3-20）、式（3-3-21）说明，当 E_0、U 和参数 x_d、x_q 为常数时，无功功率也随功角而变。Q 与 δ 的关系，即无功功率特性，如图 3-3-21 所示。

从能量守恒的观点来看，如果仅调节无功功率，是不需要改变从原动机来的输入功率的，由第三节第一部分对电枢反应的分析可知，当 $\psi = \dfrac{\pi}{2}$ 时，$\dot{i}$ 滞后 $\dot{E}_0$ 90°，该电流是无功性质的，发电机不发有功功率，如调节励磁电流使 E_0 增大或减小，只会改变无功电流（或无功功率）的大小和性质。由此可见，只要调节励磁电流，就可调节同步发电机的无功功率。下面用无功功率特性和功角特性来说明调节励磁电流对发电机运行状态的影响。设发电机原来运行的功角为 δ_a，其所对应的工作点为功角特性上（对应于 E_0、U、x_d）的 a 点和无功功率特性 Q_l 上的 Q_a 点，如图 3-3-22 所示。今维持原动机的 P_a 不变，而仅增大励磁电流。

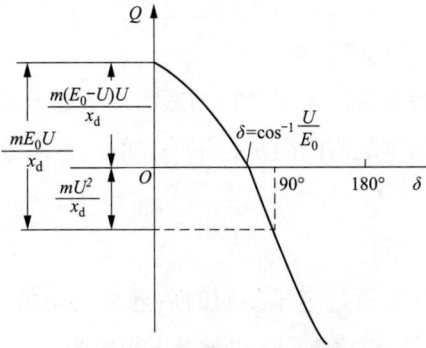

图 3-3-21 隐极机的无功功率特性

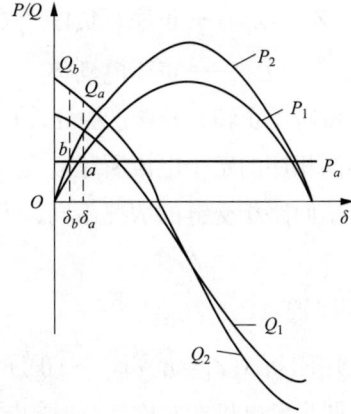

图 3-3-22 励磁电流改变时的功角特性及无功功率特性

此时，由于 E_0 增大，功角特性因幅值增大而由 P_1 变为 P_2（对应于 E_0、U），有功功率运行点由 a 点变为 b 点，功角也由 δ_a 变到 δ_b。相应地，发电机的无功功率特性由 Q_1 变为 Q_2，无功功率运行点由 Q_a 变到 Q_b。由此可明显地看出，增大励磁电流，就增加了无功功率的输出。反之，减小励磁电流，也就减小了无功功率的输出。

顺便指出，调节无功功率，对有功功率不会有影响，这从能量守恒来看不难理解。但增减励磁电流，可影响静态稳定度，调节有功功率，由于功角变化了，不仅有功功率将发生变化，无功功率也将发生变化。

七、同步发电机的不对称运行

（一）不对称运行的分析

分析不对称运行可用对称分量法。按此法我们将不对称系统分为三组对称的分量：正序、负序和零序分量，各组分量都是独立的对称系统，这样可将不对称系统化为对称系统来计算，最后将它们叠加起来就得到不对称系统中所求的量。

当发电机中性点接地时，定子三相不对称电流可分解为正序、负序、零序电流；如果发电机的中性点不接地，则发电机只有正序和负序电流。

发电机正常运行时，气隙里只有正序旋转磁场。发电机不对称运行时的主要特点是，气隙里出现负序旋转磁场，并由此引起一系列相应的后果。

当进行对称系统的运算时，常需列出各序的电动势平衡方程式。对任一相，通用式的形式为

$$\begin{cases} \dot{E}_{01} = \dot{U}_1 + \dot{I}_1 Z_1 \\ 0 = \dot{U}_2 + \dot{I}_2 Z_2 \\ 0 = \dot{U}_0 + \dot{I}_0 Z_0 \end{cases} \quad (3-3-22)$$

式中 $\dot{U}_1$、$\dot{U}_2$、$\dot{U}_0$——正序、负序、零序电压；

$\dot{I}_1$、$\dot{I}_2$、$\dot{I}_0$——正序、负序、零序电流；

45

Z_1、Z_2、Z_0——正序、负序、零序阻抗；

$\dot{E}_{01}$——正序电动势。

因发电机转子正转，只能产生正序电动势，故没有负序、零序电动势。

由于不同相序的定子电流所建立的磁场分布不同，特别是因转子结构的影响，从定子来的磁通与转子回路相交链的情况不同，发电机对于不同相序电流的阻抗是不一样的。下面分别讨论。

1. 相序阻抗

（1）正序阻抗（$Z_1 = r_1 + jx_1$）。正序阻抗就是正序电流通过定子绕组时所遇到的阻抗。正序电抗与同步发电机在对称运行时的同步电抗完全一样；正序电阻 r_1 也就是电枢电阻 r_s。

（2）负序阻抗（$Z_2 = r_2 + jx_2$）。负序阻抗就是负序电流通过定子绕组时所遇到的阻抗。三相负序电流除产生各自的漏磁通外，还产生合成的旋转磁场，即负序磁场。负序磁场的旋转方向与转子转向相反，其基波的转速相对于定子为同步速 n_1，相对于转子则为两倍同步速 $2n_1$。转子导体切割负序磁场，将产生两倍基本频率的电动势和电流。转子中感应电流所建立的反磁动势将削弱负序磁场。定子负序磁动势和转子方面反磁动势的相互作用，与突然短路时转子方面也有磁动势反作用的情况相类似，负序磁通也被挤到励磁绕组和阻尼绕组的漏磁路上去。故可用导出次暂态电抗类似的方法，得到负序电抗的表达式。

（3）零序阻抗（$Z_0 = r_0 + jx_0$）。零序阻抗为零序电流所遇到的阻抗。由于三相零序电流所产生的基波磁动势的大小相等、相位相同，在空间相差 120°，它们在气隙中的合成磁动势为零，因此，零序电流只产生定子绕组的漏磁通。

零序电抗 x_0 的大小接近正序的漏抗，但零序电抗与电枢绕组的节距有关。对于单层绕组和双层整距绕组，各槽中导线的电流方向是一致的 [见图 3-3-23（a）]，对零序电流的电抗

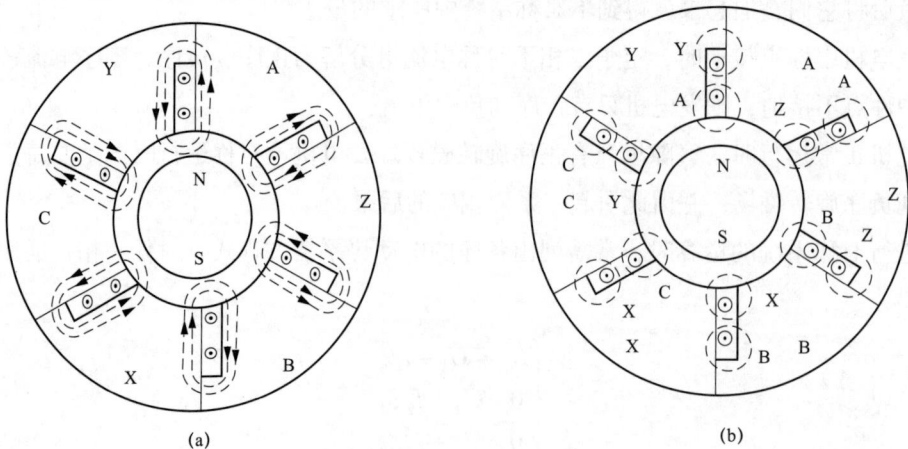

图 3-3-23 零序电流的漏磁通分布示意图

（a）整距绕组；（b）短距绕组

与对正序电流的漏抗可以认为是一样的。对于双层短距绕组，在部分槽中，上、下两线棒属于不同相，故两线棒中电流的大小相等、方向相反，零序漏磁通互相抵消［见图 3-3-23（b），该图表示的是节距为 $\frac{2}{3}\tau$ 的情况］。因此，零序电抗会小于正序漏抗。不过图 3-3-23（a）、（b）所示的仅是槽部漏磁，还没有计及端部漏磁，其实，即使是双层整距绕组，正序电流和零序电流在端部产生的漏磁情况也是不一样的。

一般，零序电抗的范围为 $0 < x_0 < x_1$（正序漏抗）。

零序电阻 r_0 即为电枢电阻 r_s。

同步发电机的负序电抗和零序电抗（标幺值）见表 3-3-1。

表 3-3-1   同步发电机的负序电抗和零序电抗（标幺值）

发电机类型	x_{2*}	x_{0*}
汽轮发电机	$\dfrac{0.155}{0.134\sim0.18}$	$\dfrac{0.05}{0.036\sim0.18}$
有阻尼绕组的水轮发电机	$\dfrac{0.24}{0.15\sim0.35}$	$\dfrac{0.08}{0.04\sim0.125}$
无阻尼绕组的水轮发电机	$\dfrac{0.42}{0.32\sim0.55}$	$\dfrac{0.08}{0.04\sim0.125}$

2. 不对称运行分析举例——不对称电流引起发电机端电压的变动

发电机负载的不对称，会引起端电压的不对称。这里用对称分量法分析。

造成电压不对称的主要原因是存在负序电压降。电压的不对称度以负序电压占额定电压的百分值计算。如果这个值太大，将会使发电机的负载、异步电动机的电磁力矩减小，损耗增大，并发生照明不正常、损坏灯泡等不良后果。所以，电压不对称度的允许值是限制不对称负载允许程度的一个因素，但不是决定因素，决定因素是不对称运行对发电机的影响。

（二）不对称运行对发电机的影响

不对称运行对发电机的影响主要有以下两个方面。

1. 引起转子表面发热

负序磁场以 $2n_1$ 的转速切割转子，会在转子铁芯表面、槽楔、励磁绕组及转子的其他金属构件中感应双倍于定子电流频率的电流。该电流除在励磁绕组中引起附加损耗外，还会在转子表面及金属构件中引起损耗。这种频率较高的电流，不能深入转子深处（深处感抗大），只能在表面流通。隐极式转子由负序磁场引起的表面环流可能造成转子局部过热，将槽楔与小齿的某些接触处或护环与齿的搭接处烧伤。

在上述发热问题上，隐极机转子比凸极机转子严重。隐极机的励磁绕组嵌在槽中，转子表面发热会影响励磁绕组散热；而凸极机的励磁绕组直接与冷却气体接触，通风较好，温升问题并不严重。

2. 引起发电机振动

负序气隙磁场相对转子以 $2n_1$ 转速旋转，它与正序气隙磁场相互作用，将在转子轴和定子机座上使机组产生振动和噪声。

凸极机由于纵、横轴磁阻的差别，振动现象会更严重一些，威胁也更大。所以，对于汽轮发电机，不对称负载的允许值由转子发热条件决定；对于水轮发电机，不对称负载的允许值由振动的条件决定。

根据上述分析可知，产生这些不良影响的主要原因是存在负序磁场，因此要减少不对称运行的不良影响，就必须削弱该磁场。若在转子上装阻尼绕组，就像变压器二次侧有个短路绕组一样，则可显著地削弱负序磁场。

运行中必须监视发电机三相电流的对称情况。

思 考 题

1. 变压器额定容量的定义是什么？

2. 主磁通和漏磁通的区别是什么？

3. 感应电动势和漏磁电动势在大小上有何不同？

4. 如何快速判断三相变压器的连接组别及标号？

5. 变压器并列运行必须满足什么条件？

6. 如果两台变压器变比不同而并列运行，会导致什么样的后果？

7. 什么是对称分量法？应用对称分量法的条件是什么？

8. 变压器励磁涌流具体会产生哪些危害？

9. 同步发电机负载时，作用在气隙中的励磁磁动势和电枢磁动势的大小、转速各与什么因素有关？它们之间的相对位置又与什么因素有关？

10. 同步发电机在感性和容性负载下，外特性曲线有什么不同？原因何在？

11. 三相同步发电机投入并联运行的条件是什么？为什么要满足这些条件？用什么方法（或仪器）检验这些条件是否满足？

12. 阐述功角的物理意义。发电机的功率与功角有什么关系？

13. 并联于无穷大电网的隐极式同步发电机，保持无功功率输出不变，调节有功功率输出时，功角及励磁电流是否应该变？

14. 为什么并网发电机的无功功率与励磁电流关系密切，无功功率的调节依赖于励磁电流的调节？

15. 为什么负序电抗比正序电抗小？而零序电抗又比负序电抗小？

16. 不对称运行会给同步发电机带来什么样的影响？

第四章　水力学

本章概述

　　水力学是研究液体平衡和机械运动规律及其应用的一门科学技术，它是力学的一个分支，研究对象是液体，主要是水。水力学不但在水利建设中有广泛应用，而且在城市建设、交通运输、生物、医学、环境工程等各个领域也是所需应用的理论基础之一。本章主要包含水静力学和液体运动基本概念两大部分内容。

学习目标

学习目标	
知识目标	1. 能说出液体的基本特性和主要物理性质。 2. 能说出静水压强的定义及其特性。 3. 能记住静水压强的基本规律。 4. 能记住重力作用下的液体平衡的相关概念。 5. 能够计算作用在受压面上的静水压力。 6. 能说出液体运动基本概念。
技能目标	—

第一节　液体的基本特性和主要物理性质

一、液体的基本特性

　　自然界的物质一般有三种存在形式，即固体、液体和气体。液体和气体统称为流体。流体与固体的主要区别在于：固体有一定的形状，能承受压力、拉力和剪切力；而流体的形状随容器而异，没有固定的形状，它几乎不能承受拉力和抵抗拉伸变形；在微小剪切力作用下，流体很容易发生变形或流动，即流体具有易流动性。液体与气体的区别在于：气体易于压缩，并力求占据尽可能大的容积，能充满任何容器；而液体能保持一定的体积，还可能有自由表面，并且和固体一样能承受压力。但液体压缩的可能性很小，在很大的压力作用下，其体积缩小甚微，所以液体具有不易压缩性。

　　综上所述，水力学中，液体是易于流动、不易压缩、均质各向同性的连续介质。以水为代表的液体，都具有这些基本特性。

二、液体的主要物理性质

液体受到力的作用，都是通过液体自身的物理性质来表现的。因此从宏观角度来探讨液体的物理性质是研究液体机械运动的基本出发点。液体的主要物理性质有质量和重量、黏滞性、压缩性、表面张力等。

（一）质量和重量

质量是物质的基本属性，是惯性的度量。单位体积液体的质量称为液体的密度，用 ρ 表示。密度分布均匀的液体称为均质液体，否则为非均质液体。实际工程中遇到的液体多属均质液体。设某均质液体的质量为 m，体积为 V，则液体的密度为

$$\rho = \frac{m}{V} \qquad (4-1-1)$$

对于非均质液体，根据连续介质模型，某点的密度为

$$\rho = \lim_{\Delta V \to 0} \frac{\Delta m}{\Delta V} \qquad (4-1-2)$$

质量常用的单位是 kg 或 g，密度的单位是 kg/m³ 或 g/cm³。

在液体运动中，一般需要考虑地球对液体的引力，这个引力就是重力，重力的大小称为重量，用 G 表示。重量 G 与质量 m、重力加速度 g 的关系是

$$G = mg \qquad (4-1-3)$$

采用国际单位制时，重量 G 的单位是 N 或 kN。

（二）黏滞性

液体一受到剪切（尽管切力很小，只要切力存在）就会连续变形（即流动），液体的这种特性称为易流性。

液体在流动（连续不断的变形）的过程中，其内部会出现某种力抵抗这一变形。不同性质的液体，如水或油，它们抵抗变形的能力是不同的。在流动状态下液体抵抗剪切变形速率能力的度量称为液体的黏滞性（也称黏性）。

从上面的叙述可知，既然抵抗剪切变形的力和液体的剪切变形速率及黏滞性之间存在着某种联系，那么它们之间一定有某种关系存在。下面可以通过液体沿固体壁面作二元平行直线运动来分析（见图 4-1-1）。可知在单位面积上的内摩擦力 τ 与两液层速度的变化率 $\frac{du}{dy}$ 成正比，即

$$\tau = \mu \frac{du}{dy} \qquad (4-1-4)$$

其中 μ 为比例系数，称为黏度或黏滞系数。μ 的量纲是 $ML^{-1}T^{-1}$，在国际单位制中，黏度的单位是 Pa·s。黏度 μ 是黏滞性的度量，μ 值越大，黏滞性作用越强。

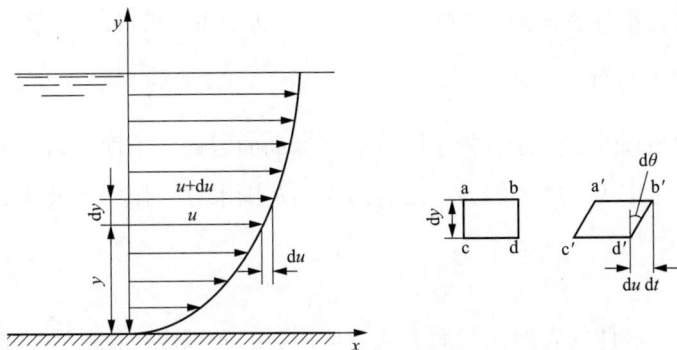

图 4-1-1　液体沿固体壁面作二元平行直线运动示意图

（三）压缩性

液体的体积随所受压力的增大而减小的特性称为液体的压缩性。

液体压缩性的大小可用体积压缩系数 β 来表示。设液体原体积为 V，当所受压强（单位面积上的压力）的增量为 $\mathrm{d}p$ 时，体积增量为 $\mathrm{d}V$，则体积压缩系数为

$$\beta = -\frac{\dfrac{\mathrm{d}V}{V}}{\mathrm{d}p} \qquad (4-1-5)$$

β 的物理意义是压强增量为一个单位时单位体积液体的压缩量。β 值越大，表示液体越易压缩。因液体体积总量随压强增大而减小，即 $\mathrm{d}V$ 为负值，为使 β 值为正，故式（4-1-5）右边取负号。β 的单位为 m^2/N。

β 的倒数称为体积弹性系数，用 K 表示，即

$$K = \frac{1}{\beta} = -\frac{\mathrm{d}p}{\dfrac{\mathrm{d}V}{V}} \qquad (4-1-6)$$

K 值越大，液体越难压缩。

液体的压缩性很小，例如温度在 $10\,℃$ 时，水的体积弹性系数 $K = 2.11 \times 10^6\ \mathrm{kN/m}^2$，即每增加一个大气压强，水的体积比原体积缩小约二万分之一，因此，在一般情况下，可以将水作为不可压缩液体来处理，但对某些特殊问题，如水击，必须考虑液体的压缩性和弹性。

（四）表面张力

表面张力是液体自由表面在分子作用半径一薄层内由于分子引力大于斥力而在表层沿表面方向产生的拉力。

液体表面张力的大小可以用表面张力系数来度量，它表示液体表面单位长度上所受的拉力，其单位是 N/m。σ 的数值随液体的种类、温度和表面接触情况而变化。表面张力系数 σ 的数值不大，例如在温度为 $20\,℃$ 时，与空气相接触的水和水银的 σ 值分别为 0.073N/m 和 0.51N/m。由于表面张力很小，在水力学中一般不考虑它的影响。但在某些情况下，它的影

响也是不可忽略的，如微小液滴（如雨滴）的运动、水深很小的明渠水流和堰流等。

三、作用于液体的力

以上从液体的物理性质方面分析了影响液体运动的因素，下面从力学的观点来分析。影响液体运动的因素是作用于液体的力。按力的作用范围来分，作用于液体的力可分为表面力和质量力两类。

（一）表面力

表面力是作用在液体的表面或截面上且与作用面的面积成正比的力。表面力又称为面积力。又由于它产生在液体与液体或液体与固体的接触面上，故又称为接触力。

表面力的大小除用总作用力来度量以外，也常用单位面积上所受的表面力（即应力）来度量。若表面力与作用面垂直，此应力称为压应力或压强；若表面力与作用面平行，此应力称为切应力。

（二）质量力

质量力是指作用在隔离体内每个液体质点上的力，其大小与液体的质量成正比。对于均质液体，质量力与体积成正比，故又称为体积力。又由于质量力的产生并不需要施力物体与液体相接触，故又称为超距力。

最常见的质量力是重力；此外，对于非惯性坐标系，质量力还包括惯性力。

质量力常用单位质量力来度量。若隔离体中的液体是均质的，其质量为 M，总质量力为 F，则单位质量力 f 为

$$f = \frac{F}{M} \tag{4-1-7}$$

第二节 静水压强及其特性

一、静水压力

在静止液体中，质点之间没有相对运动，不存在切力，同时液体又不能承受拉力，只存在静水压力。它是静止液体相邻两部分之间以及液体与固体壁面之间的表面相互作用的力。用大写字母 P 表示，单位是 N 或者 kN。压力 P 的大小与面积 A 成正比。为了研究压力在面积上的分布情况，引出静水压强的概念。

二、静水压强

（一）平均压强

单位面积上所承受的静水压力称为受压面上的平均静水压强，简称平均压强，平均压强可表示为

$$\overline{p} = \frac{P}{A} \qquad （4-2-1）$$

式中　$\overline{p}$——平均压强，Pa、kPa；

　　　P——受压面上的静水总压力，N、kN；

　　　A——受压面的面积，m^2。

（二）点压强

用式（4-2-1）计算出的静水压强，表示某受压面单位面积上受力的平均值。它只有在均匀受力的情况下，才真实地反映受压面各处的受压状况。通常受压面上的受力是不均匀的，所以用式（4-2-1）计算出的平均压强，不能代表受压面上各点的受压状况。

在静止液体中任取一点 m，围绕 m 点取一微小面积 ΔP，作用在该面积上的静水压力为 ΔP，如图 4-2-1 所示。面积 ΔA 上的平均压强为

$\frac{\Delta P}{\Delta A}$。如果将面积 ΔA 围绕 m 点无限缩小，当 ΔA 趋近于零时，比值 $\frac{\Delta P}{\Delta A}$ 的极限称为 m 点的静水压强。压强用小写字母 p 表示，即

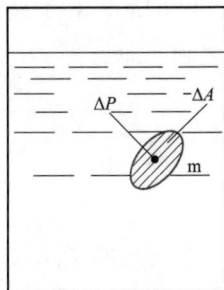

图 4-2-1　点压强的示意图

$$p = \lim_{\Delta A \to 0} \frac{\Delta P}{\Delta A} \qquad （4-2-2）$$

三、静水压强的特性

静水压强具有两个特性：

（1）静水内部任何一点各方向的压强大小是相等的，即静水压强的大小与受压面的方位无关。

（2）静水压强的方向永远垂直且指向受压面。

四、静水压强的基本方程

在工程实际或日常生活中，许多液体都处于相对于地球没有运动的静止状态。对于这种静止状态下的液体，作用在液体上的质量力（大小与液体质量的大小成正比的力）只有重力而没有惯性力。本节重点讨论在质量力只有重力作用下静止液体的平衡问题。

如图 4-2-2 所示，取液体表面 1 点和该点铅直线往下的 2 点为研究对象，围绕两点取微小面积为 $\Delta \omega$、高度为 h 的圆柱为隔离体，对该隔离体进行受力分析。

（1）隔离体的自重 G。$G = \gamma \Delta V = \gamma h \Delta \omega$（$\gamma$ 为液体的容重，$\gamma = \rho g$，N/m^3；h 为液面下的淹没深度，m），方向铅直

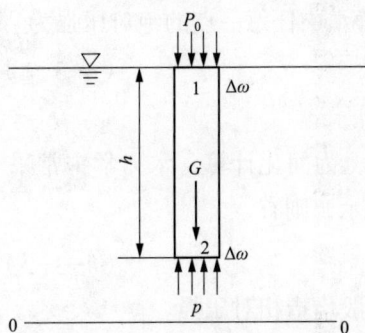

图 4-2-2　水体受压示意图

向下。

（2）隔离体上表面力 P_0。$P_0 = p_0\Delta\omega$（p_0 为液体的表面压强，Pa），方向铅直向下。

（3）隔离体下表面力 P。$P = p\Delta\omega$（p 为液面下深度为 h 的静水压强，Pa），方向铅直向上。

（4）隔离体侧面力。隔离体侧面皆为圆柱面，水压力的方向均指向圆心，但它们因大小相等、方向相反而彼此抵消了，即侧面力的合力为零。

因此，对于这个处于静止状态的水柱来说，向上的力 P 一定等于向下的两个力 P_0 与 G 之和，即

$$P = P_0 + G \qquad (4\text{-}2\text{-}3)$$

或

$$p\Delta\omega = p_0\Delta\omega + \gamma h\Delta\omega \qquad (4\text{-}2\text{-}4)$$

等式两端同除以 $\Delta\omega$，可得 1、2 两点压强的基本关系式为

$$p = p_0 + \gamma h \qquad (4\text{-}2\text{-}5)$$

式（4-2-5）是常见的在重力作用下静水压强的基本方程式。利用它可以求出静止水体中任一点的压强值。

静水压强的基本方程表明：

（1）在同一种液体中，任一点的压强 P 等于表面压强 P_0 与该点的液重压强之和。

（2）静水压强沿水深呈线性分布。

第三节　静水压强的基本规律

一、绝对压强、相对压强、真空

压强 P 的大小可以从不同的基准算起，因而有不同的表示方法。

1. 绝对压强

以完全没有气体存在的绝对真空为零点计算的压强称为绝对压强，以符号 p_J 表示。当自由液面为大气压强 p_a 时，即 $p_0 = p_a$，由式（4-2-5）即得静水中任意一点的绝对压强为

$$p_J = p_a + \gamma h \qquad (4\text{-}3\text{-}1)$$

2. 相对压强

在水利工程中，水流表面或建筑物表面多为大气压强 p_a，为简化计算，水力学中常采用当地大气压为零作为压强计算的基准。相对压强以符号 p 表示，则有

$$p = p_J - p_a \qquad (4\text{-}3\text{-}2)$$

以后讨论压强或具体进行压强计算时，除特殊说明外，一般均指相对压强。

水利工程中计算静水压强时，因大气压均匀地作用于建筑物的表面（例如，闸门两侧都

受大气压作用，它们自相平衡），一般不考虑作用于水面上的大气压强，只计算超过大气压强的压强数值。这样，当表面压强为大气压强，即 $p_0 = p_a$ 时，静水压强的基本方程可表示为

$$p = \gamma h \tag{4-3-3}$$

绝对压强的数值总是正的，而相对压强的数值要根据该压强大于或小于当地大气压来决定正负。图 4-3-1 为用几种不同方法表示的压强值的关系。由此可见，绝对压强基准与相对压强基准之间相差一个当地大气压。

3. 真空和真空值

如果液体中某处的绝对压强小于当地大气压强，则相对压强为负值，此时的相对压强称为负压，并称该处存在着真空。真空的大小常用真空值（真空度）来表示，表达式为

图 4-3-1 压强值关系图

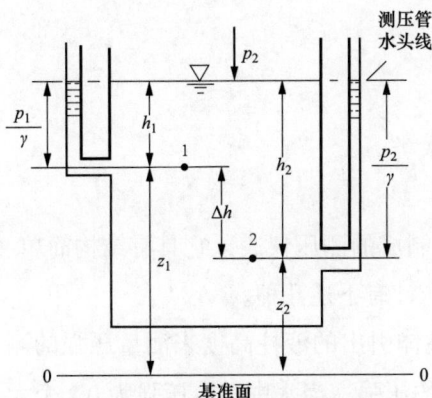

$$p_{真} = p_a - p_J = -p \tag{4-3-4}$$

水力学中规定，凡绝对压强小于一个大气压强者均认为存在真空，当绝对压强为零时，称为绝对真空。

二、位置水头、压强水头、测压管水头

静水压强基本方程中，任意一点的位置是从水面往下计算的，用水深表示。若取共同的水平面 0-0 为基准面，由图 4-3-2 可以看出

$$\Delta h = z_1 - z_2$$

代入式（4-3-3），则有

$$p_2 - p_1 = \gamma(z_1 - z_2) \tag{4-3-5}$$

即

$$z_1 + \frac{p_1}{\gamma} = z_2 + \frac{p_2}{\gamma} \tag{4-3-6}$$

式中　z_1、z_2——1、2 两点的位置高度，m；

$\dfrac{p_1}{\gamma}$、$\dfrac{p_2}{\gamma}$——1、2 两点压强的液柱高度，m。

不难看出，式（4-3-6）可表示为

$$z + \frac{p}{\gamma} = C\,(C\text{为常数}) \tag{4-3-7}$$

图 4-3-2 静水压强方程示意图

式（4-3-7）表明：在静止、均质、连通的液体中，各点的测压管水头等于同一常数。

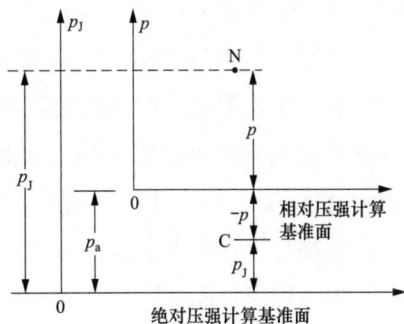

　　由于 z 、$p/\rho g$ 及 $(z+p/\gamma)$ 均为长度单位，它们的大小都可以用一段几何高度来表示，故上面所介绍的是各项的几何意义。

　　位置水头 z 表示的是单位重量液体从某一基准面算起所具有的位置势能，简称单位位能。由物理学可知：把重量为 G 的物体从基准面移到高度 z 后，该物体所具有的位能是 $G \cdot z$。因此其单位位能为 $G \cdot z / G = z$。它具有长度的单位。基准面不同，z 值也不同。

　　压强水头 p/γ 表示的是单位重量液体所具有的压力势能，简称为单位压能。如果液体中某点的压强为 p，在该处安装测压管后，重量为 G 的液体，在该点压强 p 的作用下，其测压管液面上升的高度为 p/γ。此时压力抵抗重力 G 对该点液体所做的功（即该点具有的压力势能）为 $G \cdot (p/\gamma)$，所以其单位压能为 $G \cdot (p/\gamma)/G = p/\gamma$。单位压能也具有长度的单位，大小与压强的大小有关。

　　因为单位位能 z 和单位压能 p/γ 均为势能，故 $z+p/\gamma$ 称为单位势能。

　　显然，式（4-3-7）表明，在静止、均质、连通的液体中，各点的单位势能等于同个常数。

第四节　重力作用下的液体平衡

一、等压面

　　在静止液体中，凡是静水压强相同的点所构成的平面称为等压面。根据静水压强基本方程可知，在静止、连通的同一种液体中，淹没深度相同的各点静水压强相同；或者说位置高度相同的各点静水压强相同。由此可知：

　　（1）在静止、连通的同一种液体中，水平面必定是等压面，各个不同位置高度的水平面，分别为一系列不同的等压面。

　　（2）静止液体的自由表面是一个水平面，即等压面。容器中两种不同液体的分界面是水平面，也是等压面。

　　等压面这一概念是在静止、连通及同一种液体这样三个条件下得到的，其中任何一个条件不满足，都不能形成等压面。

二、压强的量测

　　测量压强的仪器一般有液式测压计和金属测压计两大类。

1. 液式测压计

　　液式测压计是利用静水压强基本方程和等压面原理制成的测压仪表，它具有结构简单、测量精确度高、价格低、可自制等优点，常用的液式测压计有下述几种。

　　（1）测压管。如图 4-4-1 所示，为直接由同一种液体引出的液柱高度来测量压强的测压管。A 点的压强 $P_A = \gamma h_A$，测压管通常用来测量较小的压强，当水中某点压强为 0.2 个大气压时，测压管内的水柱高度为

$$h = \frac{p}{\gamma} = \frac{98\text{kPa} \times 0.2}{9800\text{N/m}^3} = \frac{16900\text{N/m}^2}{9800\text{N/m}^3} \approx 2\text{m}$$

即需要 2m 以上的测压管，这在使用上很不方便。

（2）U 形水银测压计。如图 4-4-2 所示，U 形管中装水银，由于 A 点的压强作用，使管的右侧水银面比左侧高出 Δh_2，测点 A 距左侧水银面高度为 Δh_1。设容器中液体的容重为 γ，水银的容重为 γ_g，根据等压面概念可知，1、2 两点在同一等压面上，故 $P_1 = P_2$。

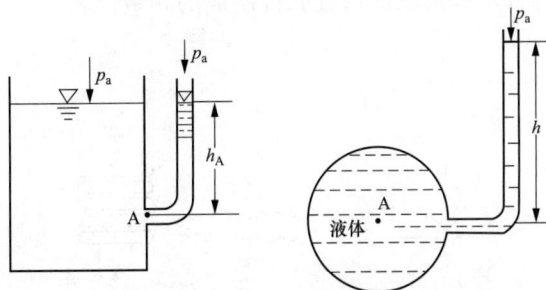

图 4-4-1　测压管

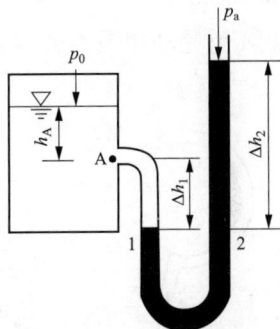

图 4-4-2　U 形水银测压计

又根据压强公式，采用相对压强，则

$$p_1 = p_A + \gamma \Delta h_1 \tag{4-4-1}$$

$$p_2 = \gamma_g \Delta h_2 \tag{4-4-2}$$

得到

$$p_A = \gamma_g \Delta h_2 - \gamma \Delta h_1 \tag{4-4-3}$$

在量得 Δh_1 和 Δh_2 之后，便可以通过式（4-4-3）计算出 A 点的压强，U 形水银测压计可用来测量正压，也可用来测量真空值。

（3）比压计。比压计又称差压计，是测量两点压强差的仪器，如图 4-4-3 所示，当 U 形管中水银面稳定之后，可量得水银液面高度差为 Δh，应用静水压强基本方程和等压面概念可求得 A、B 两点压强差。

从图 4-4-3 中可看出水平面 1-2、2-3、4-5 均符合等压面的三个条件，所以 $p_1 = p_2 = p_3$，$p_4 = p_5$，根据式 $p = p_0 + \gamma \Delta h$，得

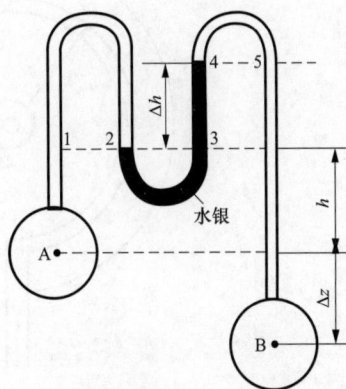

图 4-4-3　比压计

$$p_A = p_2 + \gamma h \tag{4-4-4}$$

$$p_B = p_4 + \gamma(\Delta h + h + \Delta z) \tag{4-4-5}$$

$$p_2 = p_3 = p_4 + \gamma_g \Delta h \tag{4-4-6}$$

将式（4-4-6）代入式（4-4-4）再减式（4-4-5）得

$$p_A - p_B = (\gamma_g - \gamma)\Delta h - \gamma\Delta z \qquad (4-4-7)$$

由上述讨论可知，A、B 两点的压强差与两容器的位置高度 Δz 有关，而与差压计的安装高度无关。

当两容器 A、B 同高时，$\Delta z = 0$，则

$$p_A - p_B = (\gamma_g - \gamma)\Delta h$$

2. 金属测压计

金属测压计是利用图 4-4-4 所示的各种不同形状的弹性元件制成的测量仪表。

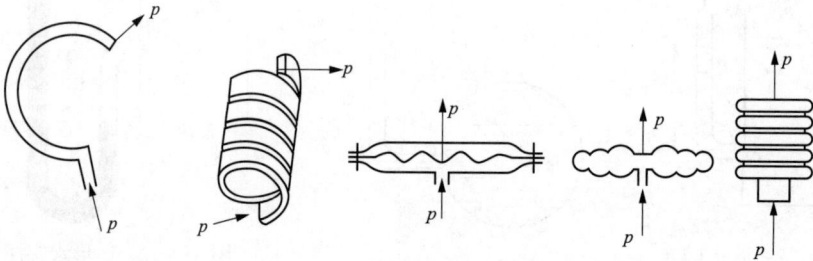

图 4-4-4　弹性元件

弹性元件在被测压强作用下产生弹性变形，再通过表内传动机构指示出压强的数值，如图 4-4-5 所示。这类仪表具有结构简便、测压范围广，并具有足够的精确度等优点，因此在工程中被广泛使用。

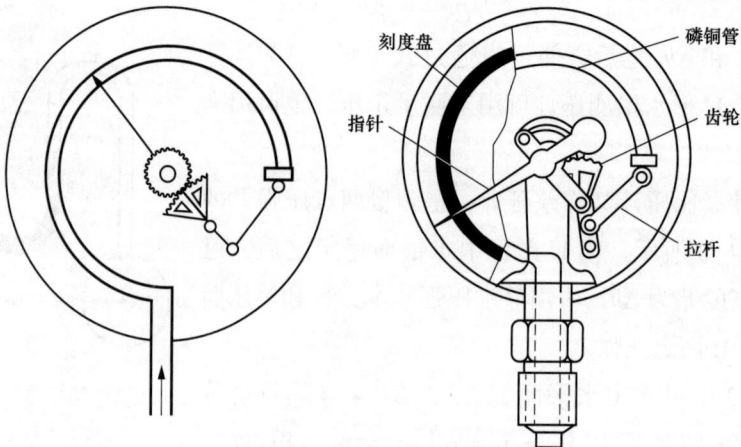

图 4-4-5　表内传动机构

第五节　作用在受压面上的静水压力

一、压强分布图的绘制

在工程实践中，我们不仅需要知道液体内部任意一点的压强大小，还需要知道作用在建筑物表面上的水压力，即作用在建筑物整个表面上的静水总压力，从而确定建筑物的水力荷载。根据工程需要，受压构件的表面可能是平面，也可能是曲面。为了计算作用在平面上的静水总压力，下面首先介绍受压面为平面时静水压强分布图的绘制方法。

压强分布图也称压力图，它可以形象地表示受压面上压强的分布情况。压强分布图是根据静水压强的两个基本特性及静水压强的基本方程绘制而成的压强沿水深变化的压力分布图形。具体方法是：将各点的压强按一定比例的有向线段来表示，线段的长度表示压强的大小；方向即为压强的方向（垂直指向作用面）。然后将线段尾端连接起来，即得压强分布图。图 4-5-1 为受压面上的压强分布图，图中 L 为作用面的长度，h 为淹没深度，F 为作用在平面上的力，e 为压力中心至受压面底边的距离。

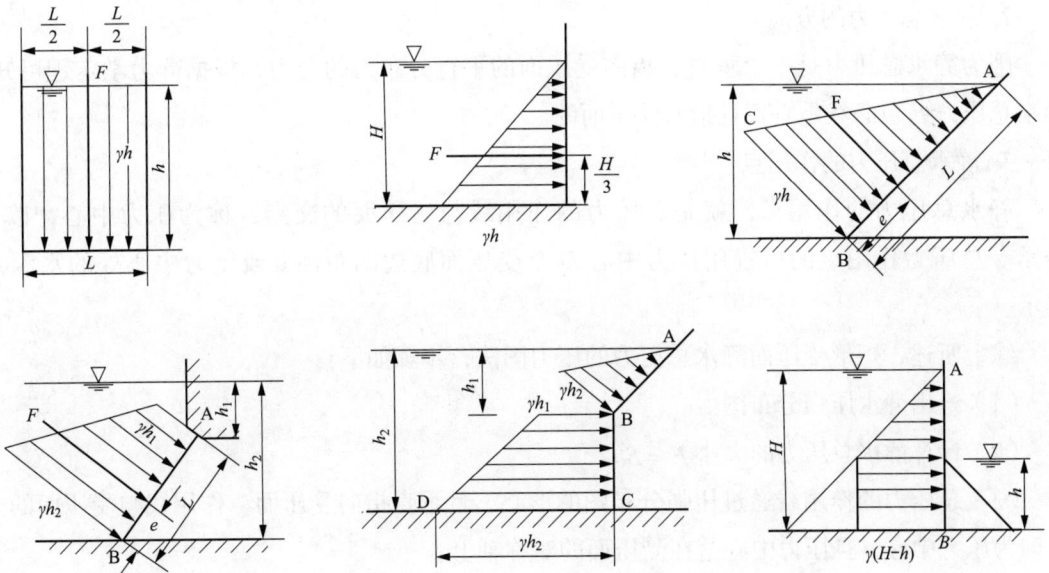

图 4-5-1　受压面上的压强分布图

二、作用在平面上的静水总压力

利用压强分布图来计算平面上静水总压力的方法称为压力图法。

工程中最常见的受压平面是沿水深等宽的矩形平面，由于它的形状规则，可以较简便地利用静水压强分布图来计算其静水总压力。

1. 静水总压力的大小

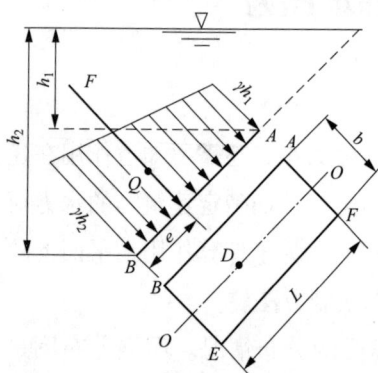

图 4-5-2 矩形闸门静水总压力
示意图

图 4-5-2 为一矩形闸门，宽为 b，长为 L，挡水深度为 h，计算作用在该闸门上的静水总压力。

由静力学可知，单位宽度上平行分布力的合力等于荷载分布图的面积。可见，压强分布图的面积就等于作用在矩形受压平面上单位宽度上的静水总压力。不难理解，矩形受压面上静水总压力 P 的大小等于压强分布图的面积 S 与受压面宽度 b 的乘积，即

$$P = Sb \qquad (4-5-1)$$

式中　S——压强分布图的面积（也是矩形受压面单位宽度上的静水总压力），N/m、kN/m；

　　　　b——受压面的宽度，m。

应当指出，Sb 实质上就是受压面上各点的压强所构成的压强分布体的体积，即矩形受压面上的静水总压力就等于压强分布体的体积。这个结论也适用于受压面为其他任意形状的平面或曲面。

2. 静水总压力的方向

因为静水总压力是一个垂直且指向受压面的平行分布力的合力，根据静力学定理可知，静水总压力 F 也必然是垂直且指向受压面的。

3. 静水总压力的作用点

静水总压力的作用点，就是总压力的作用线与受压面的交点，称为压力中心，以 D 表示。总压力作用点的位置用压力中心 D 至受压面底边的距离 e 或压力中心处的水深 h_D 表示。

综上所述，矩形受压面静水总压力的压力图法，步骤如下：

（1）绘出静水压强分布图。

（2）计算静水总压力的大小 $F = Sb$。

（3）总压力的作用线通过压强分布图的形心，且垂直指向受压面，作用线与受压面的交点即为压力中心，且压力中心落在受压面的对称轴上。

应该指出：用压力图法求静水总压力，受到受压面和压强分布图形状的限制，当受压面和压强分布图形状较复杂时，计算起来就比较麻烦。在实际计算中，一般采用分析法。压力图法能够形象地了解静水总压力与压强分布图（体）之间的关系，为后续学习和理解静水总压力计算的其他方法打下基础。

第六节　液体运动基本概念

一、水流运动要素

描述水流运动状态的物理量称为水流运动要素。水流运动要素主要包括流速、动水压强和流量等。

流速表示水流质点在单位时间内流过的距离。动水压强是在水流垂直方向测得的压强，它和静水压强的意义相同，都是指单位面积上所受的压力。流量是指单位时间内通过过水断面水体的体积。

二、流线与过水断面

（一）流线

流线是人们假想的用来描述流动场中某一瞬时所有水流质点流速方向的光滑曲线。即位于流线上的各水流质点，其流速的方向都与该质点在该曲线上的点的切线方向一致，如图 4-6-1 所示。流线既不能是折线，也不能彼此相交。可见，流线上的水流质点，都不能有横越流线的流动。

有了流线的概念，就能用它来描述水流现象。图 4-6-2、图 4-6-3 分别表示水流经过溢流坝和泄水闸时，用流线所描绘的流动情形，可清楚地看出水流运动的总体规律。

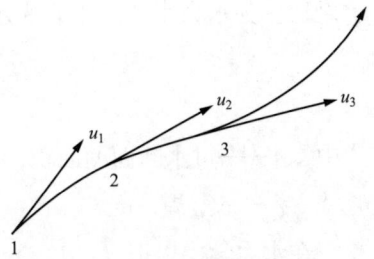

图 4-6-1　流线上各水流质点的流速

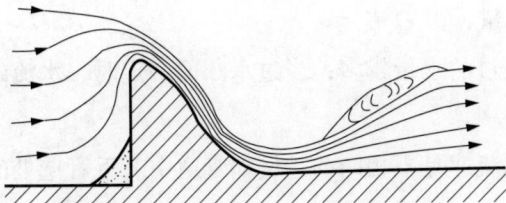

图 4-6-2　水流经过溢流坝时的流线图

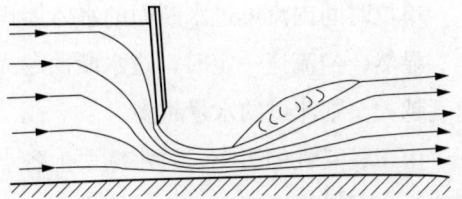

图 4-6-3　水流经过泄水闸时的流线图

（二）过水断面

垂直于水流流向（即流线）的横断面称为过水断面。过水断面可以是平面，也可以是曲面，与流线分布情况有关，如图 4-6-4 所示。图中 A-A 及 B-B 过水断面为平面，C-C 过水断面为曲面。过水断面的面积用 A 表示。

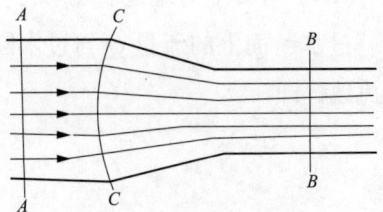

图 4-6-4　不同过水断面的流线图

应当指出，组成过水断面的周界可能全是固体边界，如图 4-6-5（c）所示。也可能一部分是固体边界，另一部分是自由液面，如图 4-6-5（a）、（b）、（d）所示。

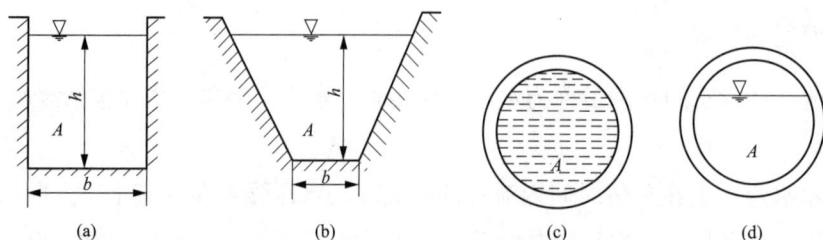

图 4-6-5　不同形式的过水断面

（a）矩形过水断面；（b）梯形过水断面；（c）圆形过水断面（无自由水面）；
（d）圆形过水断面（有自由水面）

过水断面上与水流相接触的固体边界周长称为湿周，用 χ 表示。过水断面面积 A 与湿周 χ 之比称为水力半径，用 R 表示，即

$$R = \frac{A}{\chi}$$ （4-6-1）

式中　A——过水断面的面积，m^2；

　　　χ——湿周，m。

在水力学中，把 A、R、χ 称为过水断面的水力要素。

三、流量与断面平均流速

（一）流量

单位时间内流过过水断面的水体体积称为流量，以 Q 表示。

显然，当流速一定时，过水断面越大，则流过的水量越多；当过水断面一定时，水流的速度越大，则流过的水量越多。

由于黏滞性的影响，过水断面上各点的实际流速是不相同的，例如管道中靠近管壁处的流速小，而中间流速大。为计算方便，工程上常用断面平均流速 v 代替断面上各点的实际流速 u，即认为断面上各点的流速都等于 v。

（二）断面平均流速

过水断面上的流量 Q 与过水断面面积 A 之比，称为过水断面的平均流速，简称断面平均流速，即

$$v = \frac{Q}{A}$$ （4-6-2）

断面平均流速并不是断面上的实际流速，但用它既可以简化计算，又具有一定的实际意义。式（4-6-2）是水力学中计算流量和断面平均流速的常用公式。

四、水流运动的分类

在实际工程中，由于边界情况是各式各样的，这就使水流运动具有多种多样的形式。各种运动要素（如流速、压强等）受到边界条件及水流本身特性的影响而不断变化。为便于研究水流运动的变化规律，必须对水流运动加以分类。

（一）恒定流与非恒定流

在水流的流动空间上，任一固定空间点的运动要素不随时间发生变化的水流，称为恒定流；反之称为非恒定流。

如图 4-6-6 所示，水从水箱的孔中流出，若水箱内的水不断补充且水位保持不变，则小孔的射流也将保持不变，流动空间上各固定空间点的速度及压强等运动要素也不随时间而变化。这种水流就是恒定流。

如图 4-6-7 所示，水箱充满后关掉进水阀，则随着时间的推移水箱水位不断下降，从而小孔的射流也会越来越低，射流的位置及各点的流速、压强等运动要素随着时间的推移都发生了变化。这种水流便是非恒定流。

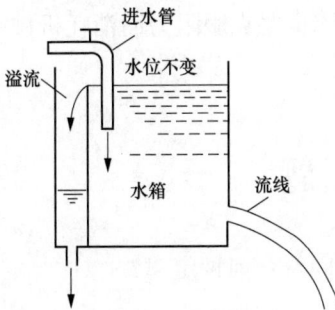

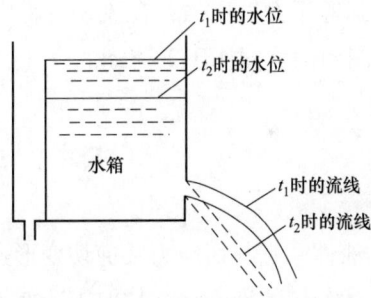

图 4-6-6　恒定流　　　　　图 4-6-7　非恒定流

对恒定流来说，由于任一固定空间点上的运动要素不随时间而变化，所以其流线也是不随时间而变化的。但对非恒定流来说，由于任一固定空间点上的运动要素随时间而变化，故不同时刻有不同的流线。

一般来说，实际水流多为非恒定流，极少为恒定流。但在水利工程实践中，只要水流运动要素在相当长的时间段内时间平均值基本不变，或者随时间的变化非常缓慢，就可以按恒定流来进行计算。

（二）均匀流与非均匀流

在流动过程中，水流的运动要素沿流程不变的水流，称为均匀流；反之称为非均匀流。

均匀流的特点是：流线为彼此平行的直线，与流线垂直的过水断面为一平面且大小沿流程不变。因此也将均匀流定义为流线为平行直线的水流；反之，称为非均匀流。

从流线的形状看，非均匀流有以下三种形式：

（1）流线虽然是直线，但相互不平行，相邻流线之间有夹角。

（2）流线彼此平行，但流线弯曲。

（3）流线既不是直线，也不平行。

如河道的宽窄深浅沿流程有所不同，流速也必然沿流程有所变化，则属于非均匀流。在比较长直、断面不变、底坡不变的人工渠道或直径不变的长直管道里，除入口和出口外，其余部分的流速在各断面都一样，则这种水流是均匀流。

（三）有压流与无压流

根据水流运动的受力情况，水流运动可以分为有压流和无压流。

在无自由表面的固体边界内流动的水流，称为有压流。有压流又称为管流。如充满整个管道或隧洞断面的水流就是有压流。有压流的特点是：没有自由水面，过水断面上的压强一般都不等于大气压强；在流动过程中，水流要克服阻力而消耗机械能，所以有压流是在压力和阻力的共同作用下流动的。输送有压流的管道称为压力管道。如自来水管道、水电站的压力隧洞或压力钢管以及抽水机装置中的吸水管、压水管等，都属于压力管道。

在具有自由表面的固体边界内流动的水流，称为无压流。无压流的特点是：具有自由水面，水面的压强等于大气压强；在流动过程中，水流也要克服阻力而消耗机械能，所以无压流是在重力和阻力的共同作用下流动的。

思　考　题

1. 何谓黏滞性？它与切应力及剪切变形速率之间符合何种定律？

2. 何为液体的压缩性？什么情况下才要考虑水的压缩性？

3. 静水压强的基本方程有几种表达形式，各表达式的意义是什么？

4. 静水压强的特性有哪些？

5. 什么是位置水头？什么是压强水头？什么是真空值？

6. 测压管水头的物理意义是什么？

7. 什么是等压面？

8. 测压管的测量原理是什么？

9. 矩形受压面静水总压力的压力图法，计算步骤有哪些？

10. 什么叫流线？实际水流中存在流线吗？流线有哪些特点？

11. 水流运动有哪些类型？它们之间的关系是怎样的？

12. 什么叫过水断面、流量和断面平均流速？实际水流会以断面平均流速流动吗？

第五章   水轮机原理

本章概述

水轮机是一种将河流中蕴藏的水能转换成旋转机械能的原动机。水流流过水轮机时，通过主轴带动发电机将旋转机械能转换成电能。水轮机是水电站的主要设备之一，本章将对水轮机的结构、工作原理、效率、空化、磨损、振动及基本特性进行介绍。

学习目标

	学习目标
知识目标	1. 了解水轮机基本概念、工作参数、基本形式和基本结构。 2. 了解水轮机的速度三角形和基本方程。 3. 了解水轮机的损失和最优工况。 4. 了解水轮机的空化与空蚀、泥沙磨损的危害。 5. 了解水轮机振动概况、分类、压力脉动影响及消振措施。 6. 了解水轮机比转速的概念、特性曲线概念。
技能目标	—

第一节   水轮机基本概述

一、水轮机的工作参数

水流流经水轮机时，水流能量发生改变的过程，就是水轮机的工作过程。水轮机的工作参数是表征水流通过水轮机时水流能量转换为转轮机械能过程中的一些特性的数据。水轮机的基本工作参数主要有水头 H、流量 Q、出力 P、效率 η_t、转速 n。

（一）水头 H

上、下游水库的水位差值称为水电站的毛水头 H_g，其单位为 m。上游水库的水流经过进水口拦污栅、闸门和压力水管进入水轮机，水流通过水轮机做功后，由尾水管排至下游，在这一过程中，产生水头损失 Δh。水轮机的工作水头 H（也称净水头）是水轮机做功的有效水头，指水轮机进口和出口截面处单位重量的水流能量差，单位为 m。

因而，水轮机的工作水头又可表示为

$$H = H_g - \Delta h \qquad (5-1-1)$$

从式（5-1-1）可知，水轮机的水头随着水电站的上下水位的变化而改变，常用几个特征水头表示水轮机水头的范围。特征水头包括最大水头 H_{max}、最小水头 H_{min}、加权平均水头 H_a、设计水头 H_r 等，这些特征水头由水能计算给出。

（1）最大水头 H_{max}，是允许水轮机运行的最大净水头。它对水轮机结构的强度设计有决定性的影响。

（2）最小水头 H_{min}，是保证水轮机安全、稳定运行的最小净水头。

（3）加权平均水头 H_a，是在一定期间内（视水库调节性能而定），所有可能出现的水轮机水头的加权平均值，是水轮机在其附近运行时间最长的净水头。

（4）设计水头 H_r，是水轮机发出额定出力时所需要的最小净水头。

水轮机的水头，表明水轮机利用水流单位机械能的多少，是水轮机最重要的基本工作参数，其大小直接影响水电站的开发方式、机组类型及电站的经济效益等技术经济指标。

（二）流量 Q

水轮机的流量是单位时间内通过水轮机某一既定过流断面的水流体积，常用符号 Q 表示，常用的单位为 m^3/s。在设计水头下，水轮机以额定转速、额定出力运行时所对应的水流量称为设计流量。

（三）转速 n

水轮机的转速是水轮机转轮在单位时间内的旋转次数，常用符号 n 表示，常用单位为 r/min。

（四）出力 P 与效率 η_t

水轮机的出力是水轮机轴端输出的功率，常用符号 P 表示，常用单位为 kW。

水轮机的输入功率为单位时间内通过水轮机的水流的总能量，即水流的出力，常用符号 P_n 表示，则

$$P_n = \gamma QH = 9.81QH \, (\text{kW}) \qquad (5-1-2)$$

式中　γ——水的重度。

由于水流通过水轮机时存在一定的能量损耗，所以水轮机的出力 P 总是小于水流出力 P_n。水轮机的出力 P 与水流出力 P_n 之比称为水轮机的效率，用符号 η_t 表示。即

$$\eta_t = P/P_n \qquad (5-1-3)$$

由于水轮机在工作过程中存在能量损耗，故水轮机的效率小于1。

由此，水轮机的出力可写成

$$P = P_n\eta_t = 9.81QH\eta_t \, (\text{kW}) \qquad (5-1-4)$$

二、水轮机的类型

水轮机是将水能转换成旋转机械能的一种水力原动机，能量的转换是借助转轮叶片与水流相互作用来实现的。根据转轮内水流运动的特征和转轮转换水流能量形式的不同，水轮机

分成反击式水轮机和冲击式水轮机两大类。反击式水轮机包括混流式、轴流式、斜流式和贯流式水轮机；冲击式水轮机分为水斗式、斜击式和双击式水轮机。

反击式水轮机利用了水流的势能和动能。反击式水轮机转轮区内的水流在通过转轮叶片流道时，始终是连续充满整个转轮的有压流动，并在转轮空间曲面型叶片的约束下，连续不断地改变流速的大小和方向，从而对转轮叶片产生一个反作用力，驱动转轮旋转。当水流通过水轮机后，其动能和势能大部分被转换成转轮的旋转机械能。

1. 混流式水轮机

混流式水轮机的水流从四周沿径向进入转轮，然后近似以轴向流出转轮。混流式转轮由上冠、下环和叶片组成。混流式水轮机应用水头范围较广，为20~700m，结构简单，运行稳定且效率高，单机容量由几十千瓦到几十万千瓦，是应用最广泛的一种水轮机。

2. 轴流式水轮机

轴流式水轮机的水流在导叶与转轮之间由径向流动转变为轴向流动，而在转轮区内水流保持轴向流动。轴流式水轮机的应用水头为3~80m。轴流式水轮机在中低水头、大流量水电站中得到了广泛应用。

轴流式水轮机转轮由转轮体和叶片组成，叶片数少于混流式水轮机，叶片轴线与水轮机轴线垂直。在同样直径与水头时，它的过流能力比混流式水轮机大，空蚀性能比混流式水轮机差。根据其转轮叶片在运行中能否转动，又可分为轴流定桨式水轮机和轴流转桨式水轮机两种。

3. 斜流式水轮机

斜流式水轮机是为了提高轴流式水轮机适用水头而在轴流转桨式水轮机的基础上改进提出的新机型，其结构形式及性能特征与轴流转桨式水轮机类似。它的适用水头为40~200m，但由于其倾斜桨叶操动机构的结构特别复杂，加工工艺要求和造价均较高，所以一般只在大中型水电站中使用。在斜流式转轮上能比轴流式转轮布置更多的叶片，降低了叶片单位面积上所承受的压力，提高了使用水头。在斜流式转轮体内布置有叶片转动机构，也能随外负荷的变化进行双重调节，因此它的平均效率比混流式水轮机高，高效区比混流式水轮机宽。

三、可逆式水轮机

可逆式水轮机既可作为水轮机运行，又能作为水泵运行，适用于抽水蓄能电站和潮汐电站。当它在水泵工况和水轮机工况运行时旋转方向相反，效率低于常规水轮机。根据使用水头不同，又分为混流式水轮机、斜流式水轮机、轴流式水轮机和贯流式水轮机，混流式水轮机用于50~600m，斜流式水轮机用于20~200m，轴流式水轮机用于15~40m，水头小于20m时采用贯流式水轮机。

四、水轮机的装置形式

1. 立式装置方式

立式装置方式为水轮机与发电机在同一垂直平面内。其优点是：安装、拆卸方便，轴与轴承受力情况良好，发电机安装位置较高，不易受潮，管理维护方便；其缺点是：负载比较集中，水下部分深度增加，因而使土建投资大。立式装置方式多应用在大中型水轮机中。按其连接方式又可分为直接连接和间接连接：直接连接不需要装设复杂的传动装置，机械损失小，传动效率高，运行维护方便，因此机组尽可能采用直接连接方式，特别是在大中型水轮机中应用最为普遍；间接连接主要应用在小型水电站，因水轮机转速较低，而发电机的转速一般较高，无法直接连接，在这种情况下，就必须采用间接连接。

2. 卧式装置方式

因机组支撑面积较大，故不致产生很大的集中荷重，厂房高度较低，但轴和轴承受力情况不好。目前在我国水斗式水轮机、贯流式水轮机和小型混流式水轮机多采用卧式装置方式。

五、水轮机的牌号

水轮机的牌号由三部分组成：每一部分用短横线"-"隔开。第一部分由汉语拼音字母与阿拉伯数字组成，其中拼音字母表示水轮机型式，阿拉伯数字表示转轮型号，入型谱的转轮的型号为比转速数值，未入型谱的转轮的型号为各单位自己的编号，旧型号为模型转轮的编号，可逆式水轮机在水轮机型式后加"N"表示；第二部分由两个汉语拼音字母组成，前者表示水轮机主轴的布置形式，后者表示引水室的特征；第三部分用阿拉伯数字表示水轮机转轮的标称直径以及其他必要的数据。常见水轮机型号和代表符号及布置形式见表5-1-1。例如水轮机HL200-LJ-500，即代表混流式立轴金属蜗壳，200比转速，转轮的标称直径为500cm。

表5-1-1　　　　　　　水轮机型号和代表符号及布置形式

水轮机型号	代表符号	主轴布置形式及引水室特征	代表符号
混流式	HL	立轴	L
轴流转桨式	ZZ	卧轴	W
轴流定桨式	ZD	金属蜗壳	J
斜流式	XL	混凝土蜗壳	H
冲击（水斗）式	CJ	灯泡式	P
贯流转桨式	GZ	明槽式	M
贯流定桨式	GD	罐式	G
可逆式	N	竖井式	S
双击式	SJ	虹吸式	X
斜击式	XJ	轴伸式	Y

六、水轮机结构

水轮机是将水能转换为机械能的机械，它的基本部件是对能量转换有直接影响的过流部件，是绝大多数水轮机普遍具有的部件。近代水轮机一般都具有四个基本过流部分，它们分别为：引导并集中水流流入转轮的引水部分称为引水部件；使流入转轮的水具有所需要的速度和大小的导向部分称为导水部件；把引入水流的水能转换为转动机械能的能量转换部分称为工作部件（转轮）；将转轮流出的水引向下游并利用其余能的泄水部分称为泄水部件，主要由尾水管组成。对于不同类型的水轮机，上述四个重要部件在型式上都具有各自的特点。

（1）引水部件主要分为蜗壳和座环。蜗壳的形状如蜗牛的壳体，从蜗壳进口到鼻端像一个断面逐渐收缩的管子，蜗壳内侧是敞开的，由座环支撑（如图 5-1-1 所示）。水流在蜗壳中一方面环绕导水机构做圆周运动；另一方面又做径向运动，以使得水流均匀、对称地进入导水机构。座环一般由上、下环和固定导叶组成，固定导叶的横截面形状为翼型，从而保证水流绕固定导叶流动时水力损失最小（如图 5-1-2 所示）。蜗壳与座环的上、下环圆周相连接，在座环的上、下环之间有若干个沿圆周均匀布置的固定导叶，用以承受轴向载荷，并把载荷传递给混凝土基础（如图 5-1-3 所示）。

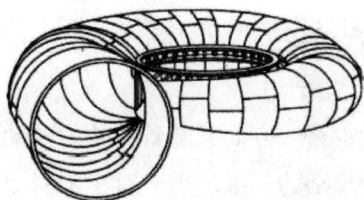

图 5-1-1　水轮机蜗壳　　　　图 5-1-2　水轮机座环　　　　图 5-1-3　蜗壳与座环的连接

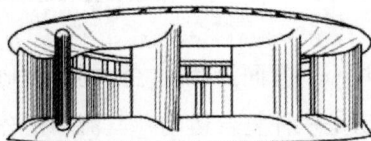

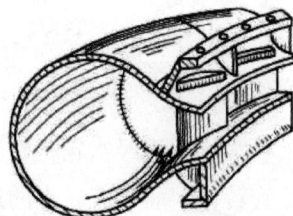

（2）导水部件。导水部件是导叶及传动零件一起组合起来的总称，用于调节水轮机的流量，导叶沿圆周均匀布置于座环和转轮之间的环形空间内，通过改变导叶位置来引导水流按一定方向进入转轮，调节水轮机的流量和出力。相邻导叶之间构成水流通道，此通道的最小宽度称为导叶开度 a。当导叶转动时，导叶的安放位置发生改变，导叶的开度也随之改变，进入转轮的水流方向也发生改变，使水轮机的流量增加或减少，从而达到调节出力的目的。在导叶完全关闭时，相邻两导叶首尾相接，进入水轮机的水流通路被截断，通过水轮机的流量为零。

（3）转轮。水流通过导水部件获得必要的水流方向和速度后进入转轮，转轮是水轮机的核心部件。转轮由上冠、下环和叶片组成。转轮叶片之间的通道称为流道，水流经过流道时，叶片迫使水流按它的形状改变流速的方向和大小，使水流动量改变，水流反过来给叶片一个反作用力，此力的合力对转轮轴心产生一个力矩，推动转轮旋转，从而将水流能量转换为旋转的机械能。混流式转轮的叶片数随着应用水头的提高而增加。转轮通过上冠与主轴连接，上冠下部装有泄水锥，用来引导水流均匀流出转轮，减少叶片出流的漩涡。

（4）尾水管。水流从转轮出来，经过尾水管排至下游，尾水管是一个扩散形的管子，其断面面积沿着水流方向逐渐扩大，从而使流速减小，在转轮下方形成真空，使转轮出口动能的大部分得以回收，并使转轮到下游水位之间的位能能加以利用。它收回动能的程度与其形状有着紧密的联系，也直接影响水轮机的经济性和安全性及整个水电站的建筑费用。常用尾水管有两种形式，一种是直锥型尾水管，主要用于小型电站；另一种是弯肘型尾水管，主要用于大中型电站（如图 5-1-4 所示）。

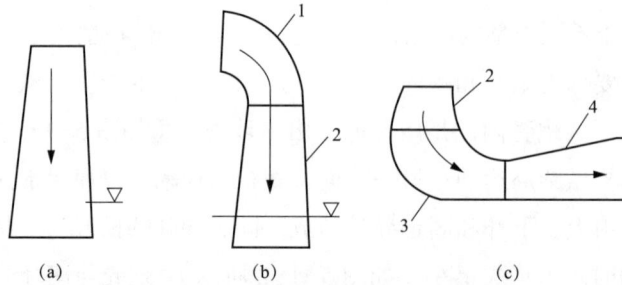

图 5-1-4　尾水管的主要形式

（a）直锥型尾水管；（b）肘型尾水管；（c）弯肘型尾水管
1—弯管；2—直锥管；3—肘管；4—扩散管

第二节　水轮机速度三角形

水流在流经水轮机转轮时，一方面沿叶片之间的流道运行；另一方面又随着转轮的转动而旋转，因而水流质点的运动是一种复合运动，其流动是一种复杂的三维流动。对于不同类型的水轮机，由于转轮的形状不同，水流在转轮中的运动形态也有所不同，因而必须分别研究不同几何形状转轮中的水流运动规律。

水流质点进入转轮后的运动是一种复合运动。水流质点沿叶片的运动称为相对运动，相应的速度称为相对速度，用符号 $\vec{W}$ 表示；水流质点随转轮的旋转运动称为牵连运动，相应的速度称为牵连速度（也称为圆周速度），用 $\vec{U}$ 表示；水流质点对大地的运动称为绝对运动，相应的速度称为绝对速度，用 $\vec{V}$ 表示。

实际上相对速度 $\vec{W}$ 沿圆周的分布是不均匀的，叶片背面（凸面）的相对速度大于叶片正面（凹面，即工作面）的相对速度，并且转轮中任一点的水流速度都随其空间坐标的位置而变化。考虑到混流式水轮机转轮叶片的数目较多，而叶片的厚度与流道的宽度相比又很小，所以近似假定转轮是由无限多、无限薄的叶片组成的，即理想转轮叶片。这样就可以认为转轮中的水流运动是均匀的，而且是轴对称的，其相对运动的轨迹与叶片骨线重合，流经叶片的相对速度的方向就是叶片骨线的切线方向。牵连运动是一种圆周运动，圆周速度 $\vec{U}$ 的方向与圆周相切。相对速度 $\vec{W}$ 与圆周速度 $\vec{U}$ 合成了绝对速度 $\vec{V}$，绝对速度 $\vec{V}$ 的方向可通过作平行四边形或三角形的方法求得，如图 5-2-1 所示。上述三种速度所构成的封闭三角形称为水轮机的速度三角形，相对速度 $\vec{W}$ 与圆周速度 $\vec{U}$ 之间的夹角用 β 表示，

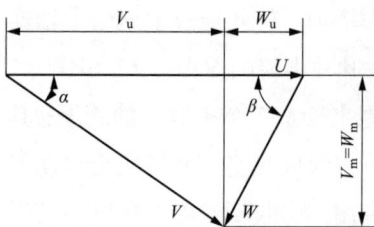

图 5-2-1　水轮机速度三角形

称为相对速度 $\vec{W}$ 的方向角；绝对速度 $\vec{V}$ 与圆周速度 $\vec{U}$ 之间的夹角用 α 表示，称为绝对速度 $\vec{V}$ 的方向角。由此可以得出转轮中任一点的流动特性，可用一空间速度三角形表示，该速度三角形应满足下列矢量关系式，即

$$\vec{V} = \vec{U} + \vec{W} \qquad (5\text{-}2\text{-}1)$$

第三节　水轮机的基本方程

当水轮机在稳定工况工作时，转轮中的水流运动可认为是恒定流动，根据水流连续定理，流进转轮和流出转轮的流量不变，所以在单位时间内水流质量 m 动量矩的增量等于此质量在转轮出口处与进口处的动量矩之差。

转轮叶片对水流的作用力迫使水流改变其运动的方向与速度的大小，该作用力对水流质量产生相对主轴的旋转力矩，其反作用力矩就是水轮机转轮能够转动的动力源。通过一些理论计算可得水轮机的基本方程式为

$$H\eta_s = \frac{\omega}{g}(V_{u1}r_1 - V_{u2}r_2) \qquad (5\text{-}3\text{-}1)$$

式中　η_s——水力效率；

　　　ω——水轮机旋转角速度，rad/s；

　　　g——重力加速度；

V_{u1}、V_{u2}——绝对速度（$V_u = V\cos\alpha$）；

　r_1、r_2——半径。

当水轮机的角速度 ω 保持一定时，式（5-3-1）说明了单位重量水流的有效水头是和转轮进、出口速度矩的改变相平衡的，所以速度矩的变化是转轮做功的主要依据。通过一些理论计算可得水轮机的又一种基本方程式，即

$$H\eta_s = \frac{V_1^2 - V_2^2}{2g} + \frac{U_1^2 - U_2^2}{2g} - \frac{W_1^2 - W_2^2}{2g} \qquad (5\text{-}3\text{-}2)$$

式（5-3-2）明确地给出了水轮机有效水头与速度三角形中各速度之间的关系。式（5-3-2）中，第一项为水流作用在转轮上的动能水头，第二、第三项为势能水头，分别用于克服水流因旋转产生的离心力和加速转轮中水流的相对运动。

水轮机的基本方程式都给出了水轮机有效水头与转轮进、出口水流运动参数之间的关系，它们实质上也都表明了水轮机中水能转换为转轮旋转机械能的基本平衡关系，是自然界能量守恒定律的另一种表现形式。反击式水轮机转轮就是依靠流道的约束，不断改变水流的速度大小和方向，将水流能量以作用力的形式不断地传递给转轮，使得转轮不断旋转做功的。

第四节　水轮机效率与最优工况

一、水轮机效率

1. 水轮机的水力损失及水力效率

水流经过水轮机的蜗壳、导水机构、转轮及尾水管等过流部件时会产生摩擦、撞击、涡流、脱流等水头损失，统称为水力损失。这种损失与流速的大小、过流部件的形状及其表面的粗糙度有关。

设水轮机的工作水头为 H，通过水轮机的水头损失为 Σh，则水轮机的有效水头为 $H - \Sigma h$。水轮机的水力效率 η_s 为有效水头与工作水头的比值，即

$$\eta_s = \frac{H - \Sigma h}{H} \qquad (5-4-1)$$

2. 水轮机的容积损失及容积效率

在水轮机的运行过程中有一小部分流量 q 从水轮机的固定部件与旋转部件之间的间隙（如混流式水轮机的上、下止漏环之间，轴流式水轮机的叶片与转轮室之间）中漏出，这部分流量没有对转轮做功，所以称为容积损失。设进入水轮机的流量为 Q，容积损失为 Σq，则水轮机的容积效率 η_v 为

$$\eta_v = \frac{Q - \Sigma q}{Q} \qquad (5-4-2)$$

3. 水轮机的机械损失及机械效率

在扣除水力损失与容积损失后，便可得出水流作用在转轮上的有效功率 P_e 为

$$P_e = 9.81 \times (Q - \Sigma q)(H - \Sigma h) = 9.81 QH \eta_s \eta_v \qquad (5-4-3)$$

转轮将此有效功率 P_e 转变为水轮机轴的输出功率时，其中还有一小部分功率 ΔP_j 消耗在各种机械损失上，如轴承及密封处的摩擦损失、转轮外表面与周围水之间的摩擦损失等，由此得出机械效率 η_j 为

$$\eta_j = \frac{P_e - \Delta P_j}{P_e} \qquad (5-4-4)$$

则水轮机的输出功率为

$$P = P_e - \Delta P_j = P_e \eta_j$$

即

$$P = 9.81 QH \eta_v \eta_s \eta_j \qquad (5-4-5)$$

所以水轮机的总效率 η 为

故
$$\eta = \eta_s \eta_v \eta_j$$
$$P = 9.81 QH\eta$$
$$(5-4-6)$$

从以上的分析可知，水轮机的效率与水轮机的类型、尺寸及运行工况等有关，其影响因素较多，要从理论上准确确定各种效率的具体数值是很困难的。目前所采用的方法是首先进行模型试验，测出水轮机的总效率，然后将模型试验所得出的效率值经过理论换算，最后得出原型水轮机的效率。现代大中型水轮机的最高效率可达 0.90～0.95。

二、水轮机的最优工况

在反击式水轮机的各种损失中水力损失是主要的，容积损失和机械损失都比较小而且基本上是一定值。因而提高水轮机的效率主要应提高其水力效率。如图 5-4-1 所示，水力损失中局部撞击损失和涡流损失所占的比值较大，因此需研究这些损失的产生情况和改善措施。

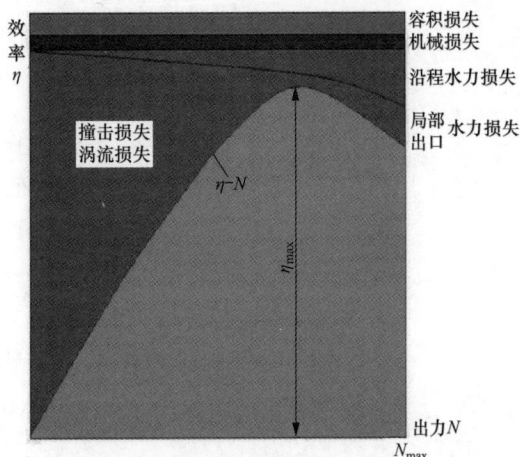

图 5-4-1 影响效率的多种损失示意图

当机组负荷变化时，导叶的开度发生相应的改变，水流在转轮进、出口的绝对速度 V_1、V_2 的大小及其方向角 α_1、α_2 也随之发生改变，因而水轮机的进、出口速度三角形亦有所不同。

在某一工况下，在转轮进口速度三角形中，当水流相对速度 W_1 的方向角 β_1 与转轮叶片的进口角 β_{e1} 相同，即 $\beta_1 = \beta_{e1}$ 时，水流平顺地进入转轮而不发生撞击和脱流现象，如图 5-4-2（b）所示，叶片进口水力损失最小，从而提高了水轮机的水力效率，此工况称为无撞击进口工况。在其他工况下，$\beta_1 \neq \beta_{e1}$，则水流在叶片进口产生撞击，造成撞击损失，使水流不能平顺畅流，如图 5-4-2（a）、（c）所示，从而降低了水轮机的水力效率。

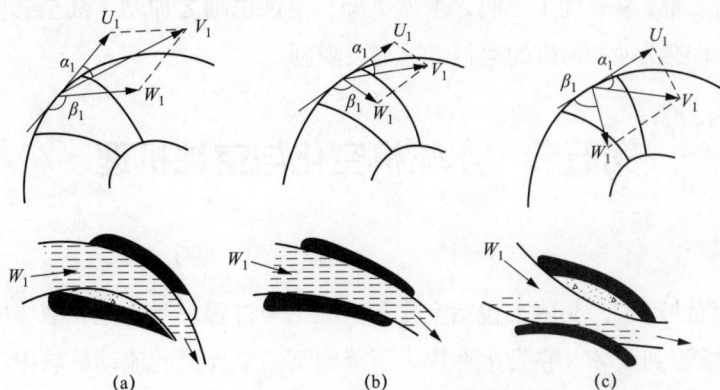

图 5-4-2 转轮进口处的水流运动

（a）$\beta_1 > \beta_{e1}$；（b）$\beta_1 = \beta_{e1}$；（c）$\beta_1 < \beta_{e1}$

同样，在某一工况下，在转轮出口速度三角形中，当水流绝对速度 V_2 的方向角 $\alpha_2 = 90°$，如图 5-4-3（a）所示，即 V_2 垂直于 U_2 时，$V_{u2} = 0$，$\Gamma_2 = 0$，水流离开转轮后没有旋转并沿尾水管流出，不产生涡流现象，从而提高了水轮机的水力效率，此工况称为法向出口工况。

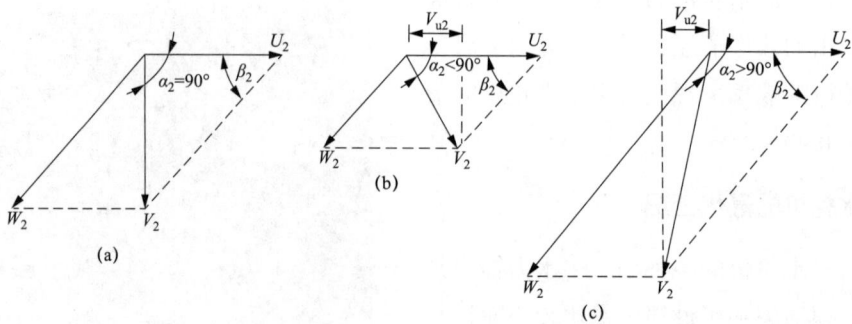

图 5-4-3 转轮出口处的速度三角形

（a）$\alpha_2 = 90°$；（b）$\alpha_2 < 90°$；（c）$\alpha_2 > 90°$

当 $\alpha_2 \neq 90°$ 时，则 $V_{u2} \neq 0$，如图 5-4-3（b）、（c）所示，此时转轮出口水流的旋转分速度 V_{u2} 在尾水管中将引起涡流损失，使得效率下降。当 V_{u2} 增大到某一数值时，尾水管中会出现偏心真空涡带，引起水流压力脉动，形成水轮机的空腔空蚀与振动。

如上所述，当水轮机在 $\beta_1 = \beta_{e1}$、$\alpha_2 = 90°$ 的工况下工作时，水流在转轮进口无撞击损失，在出口无涡流损失，此时水轮机的效率最高，称为水轮机的最优工况。在选择水轮机时，应尽可能地使水轮机经常在最优工况下工作，以获取较多的输出功率。

实践证明，当 α_2 稍小于 90°，水流在出口略带正向（即与转轮旋转方向相同）圆周分量 V_{u2} 时，可使水流紧贴尾水管管壁而避免产生脱流现象，反而会使水轮机效率略有提高。

水轮机的运行工况是经常变动的，当在最优工况运行时，不但效率较高，而且运行稳定，空蚀性能好。当偏离最优工况时，效率下降，空蚀也随之加剧，甚至会使水轮机工作部件遭受破坏，因此必须对水轮机的运行工况加以限制。

第五节　水轮机空化与空蚀机理

一、空化现象

通常所讲的汽蚀现象，实际上包括空化和空蚀两个过程。空化是在液体中形成空穴，使液相流体的连续性遭到破坏，它发生在压力下降到某一临界值的流动区域中。在空穴中主要充满着液体的蒸汽及从溶液中析出的气体，当这些空穴进入压力较低的区域时，就开始发育成长为较大的气泡，然后气泡被流体带到压力高于临界值的区域，气泡就将溃灭，这个过程称为空化。空化过程可以发生在液体内部，也可以发生在固定边界上。空蚀是指由于气泡的溃灭，引起过流表面的材料损坏。在气泡溃灭过程中伴随着机械、电化、热力、化学等过程的作用。空蚀是空化的直接后果，空蚀只发生在固体边界上。

二、空蚀机理

空蚀的形成与水的汽化现象有密切的联系。对于某一温度的水，当压力下降到某一汽化压力时，水就开始产生汽化现象。通过水轮机的水流，如果在某些地方流速增高了，根据水力学的能量方程可知，必然引起该处的局部压力降低，如果该处水流速度增加很大，致使压力降低到该水温下的汽化压力时，则此低压区的水开始汽化，便会产生空蚀。

目前认为，空蚀对金属材料表面的侵蚀破坏有机械作用、化学作用和电化作用三种，以机械作用为主。

1. 机械作用

水流在水轮机流道中运动可能发生局部的压力降低，导致气泡瞬时溃裂。在气泡溃裂的瞬间，其周围的水流质点便在极高的压差作用下形成巨大的冲击压力。在此冲击压力的作用下，原来气泡内的气体全部溶于水中，并与一小股水体一起急剧收缩形成聚能高压"水核"，而后水核迅速膨胀冲击周围水体，并一直传递到过流部件表面，致使过流部件表面受到一小股高速射流的撞击。这种撞击现象是伴随着运动水流中气泡的不断生成与溃裂而产生的，它具有高频脉冲的特点，从而对过流部件表面造成材料的破坏，这种破坏作用称为空蚀的"机械作用"。

2. 化学作用

在发生空化和空蚀时，气泡使金属材料表面局部出现高温是发生化学作用的主要原因。这种局部出现的高温可能是气泡在高压区被压缩时放出的热量，或者是由于高速射流撞击过流部件表面而释放出的热量。据试验测定，在气泡凝结时，局部瞬时高温可达300℃。在这种高温和高压作用下，会促进气泡对金属材料表面的氧化腐蚀作用，这种破坏作用称为空蚀的"化学作用"。

3. 电化作用

在发生空化和空蚀时，局部受热的材料与四周低温的材料之间，会产生局部温差，形成热电偶，材料中有电流流过，引起热电效应，产生电化腐蚀，破坏金属材料的表面层，使它发暗变毛糙，加快了机械侵蚀作用，这种破坏作用称为空蚀的"电化作用"。

根据对汽蚀现象的多年观测，认为空化和空蚀破坏主要是机械破坏，化学作用和电化作用是次要的。在机械作用的同时，化学和电化腐蚀加速了机械破坏过程。空化和空蚀的存在对水轮机运行极为不利，其影响主要表现在以下几方面：

（1）破坏水轮机的过流部件，如导叶、转轮、转轮室、上/下止漏环及尾水管等。

（2）降低水轮机的出力和效率，因为空化和空蚀会破坏水流的正常运行规律和能量转换规律，并会增加水流的漏损和水力损失。

（3）空化和空蚀严重时，可能使机组产生强烈的振动、噪声及负荷波动，导致机组不能安全稳定运行。

（4）缩短了机组的检修周期，增加了机组检修的复杂性。

三、水轮机的空蚀

由于水力机械中的水流是比较复杂的，空化现象可以出现在不同部位及在不同条件下形成空化，一般可分为以下四种。

1. 翼型空化和空蚀

翼型空化和空蚀是由于水流绕流叶片引起压力降低而产生的。叶片背面的压力往往为负压，当背面低压区的压力降低到环境汽化压力以下时，便发生空化和空蚀。这种空化和空蚀与叶片翼型断面的几何形状密切相关，所以称为翼型空化和空蚀。翼型空化和空蚀是反击式水轮机主要的空化和空蚀形态。翼型空化和空蚀与运行工况有关，当水轮机处在非最优工况时，会诱发或加剧翼型空化和空蚀。混流式水轮机的翼型空化和空蚀主要可能发生在叶片背面下半部出水边、叶片背面与下环靠近处、下环立面内侧和转轮叶片背面与上冠交界处。

2. 间隙空化和空蚀

间隙空化和空蚀是当水流通过狭小通道或间隙时引起局部流速升高，压力降低到一定程度时所发生的一种空化和空蚀形态。间隙空化和空蚀主要发生在混流式水轮机转轮上、下迷宫环间隙处，轴流转桨式水轮机叶片外缘与转轮室的间隙处，叶片根部与轮毂间隙处，以及导叶端面间隙处。

3. 局部空化和空蚀

局部空化和空蚀主要是由于铸造和加工缺陷形成表面不平整、砂眼、气孔等所引起的局部流态突然变化而造成的。例如，转桨式水轮机的局部空化和空蚀一般发生在转轮室连接的不光滑台阶处或局部凹坑处的后方；其局部空化和空蚀还可能发生在叶片固定螺钉及密封螺钉处，这是因螺钉的凹入或突出造成的。

4. 空腔空化和空蚀

空腔空化和空蚀是反击式水轮机所特有的一种漩涡空化。当反击式水轮机在一般工况运行时，转轮出口总具有一定的圆周分速度，使水流在尾水管产生旋转，形成真空涡带。当涡带中心出现的负压小于汽化压力时，水流会产生空化现象，而旋转的涡带一般周期性地与尾水管壁相碰，引起尾水管壁产生空化和空蚀，称为空腔空化和空蚀。

综上所述，混流式水轮机的空化和空蚀主要是翼型空化和空蚀，而间隙空化和空蚀、局部空化和空蚀仅仅是次要的，而空腔空化和空蚀对某些水电站的影响可能比较严重，以致影响水轮机的稳定运行。

第六节　水轮机泥沙磨损

一、水轮机泥沙磨损概况

当通过水轮机过流部件的水流中含有一定数量的悬移泥沙时，坚硬的泥沙颗粒撞击和磨削过流表面，使其材料因疲劳和机械破坏而损坏，这个过程称为水轮机泥沙磨损。水轮机泥沙磨损属于自由颗粒水动力学磨损。被磨损部件为水轮机各过流部件，例如压力管道、蜗壳、座环、导水机构、转轮、转轮室及尾水管，以及冲击式水轮机的喷针、喷嘴和水斗等。其中水轮机磨损部位主要有转轮叶片、上冠流道、下环内表面、抗磨板、止漏装置、导叶和尾水管里衬，其中以叶片背面、下环内表面、止漏装置较为严重。

水轮机过流部件表面被泥沙磨损后，促进了水流的局部扰动和空蚀发展，可能使机组运行振动加剧。由于导水机构磨损后，漏水量增大，常常无法正常停机。漏水严重时还增加调相时的功率损失和转轮室排水困难。总之，水轮机泥沙磨损会给水电站运行造成严重的损失，危害性很大，应该引起重视。

二、影响水轮机泥沙磨损的因素

泥沙对水轮机的磨损，是以水为介质，借助于泥沙随水流运动的动能，对部件产生磨削和撞击作用，使金属表面造成破坏。影响泥沙磨损的因素是多方面的、复杂的。根据水电站实际运行情况和试验研究资料，一般认为，泥沙对机件的磨损程度与磨损物质的特性（颗粒成分、颗粒大小，硬度及形状等）、水流的特性（水流含泥沙的浓度、水流速度、水流方向和冲击角等）、受磨材料的特性（水轮机过流部件金属材料的内部组织及成分、粗糙度、硬度及破坏强度等）等几个方面因素有关。

三、水轮机防磨技术措施

防止泥沙对水轮机的磨损需要采取多方面的措施方能奏效。一方面，减少水轮机的泥沙数量；另一方面，采用合适的机型、合理的运行方式及抗磨材料。综合起来可分为以下几方面。

（一）水工建筑物的拦沙措施

防止水轮机遭受沙粒磨损的最根本措施就是拦截泥沙，不使其进入水轮机流道，在多泥沙河流上修建水电站，取水枢纽应考虑尽可能防止泥沙进入水轮机。

（二）合理选择水轮机的类型及工作参数

水轮机的选择是一个综合技术经济比较问题，需要全面考虑各种因素，以选定最佳方案，为了改善和减轻水轮机泥沙磨损的危害性，在水轮机选择中，应注意合理选择水轮机的类型及工作参数。

（三）选用抗磨材料或涂层

运用水轮机抗磨损设计方面的措施与采用复合尼龙抗磨涂料和环氧砂浆抗磨涂层，改善水轮机部件的抗磨损条件，保护水力机械易磨损零件，以延长其使用年限和保持高效率运行。

第七节　水 轮 机 振 动

一、水轮机振动概况

水轮发电机组及其附属设备，在机组运行过程中常常发生振动。水轮机的振动问题与一般动力机械的振动有所不同，除需考虑机器本身的转动或固定部分的振动外，尚需考虑作用于发电机部分的电磁力，以及作用于水轮机过流部分的流体动压力对系统及其部件振动的影响。在机组运转的情况下，流体——机械——电磁三部分是相互影响的。例如，当水流流动激起机组转动部分振动时，在发电机转子与定子之间会导致气隙不对称，由此产生的磁拉力，也会加剧或阻尼机组转动部分的振动，而转动部分的运动状态出现某些变化后，必然又要对水轮机的水流流场及发电机的磁场产生影响。因此，水轮机组的振动实质是流体、机械、电气耦合振动。为此，将引起振动的振源划分为机械、水力、电气三方面的因素，再分别就不同振源所导致的不同类型的振动进行分析研究，从而为机组提供可靠的消振防振措施。

二、水轮机振动的分类

水轮发电机组之所以发生振动是由于各种干扰力作用，概括起来可分为：

（1）来自机组转动部分质量不均衡等引起的惯性力、摩擦力以及其他作用力所激起的机械振动；

（2）由于水轮机转轮、流道各部分水流的动水压力引起的水力振动；

（3）由于发电机电气部分的电磁力引起的电磁振动。

其他还有调速器的失调以及土建结构方面的缺陷等引起的振动。

三、压力脉动对机组振动的影响及消振措施

（一）压力脉动的特性

压力脉动是造成机组振动的主要干扰之一，当水轮机运行偏离最优工况时就会产生压力脉动。压力脉动特性主要指压力脉动的频率和振幅。由模型和原型的试验结果可知，压力脉动频率与机组转动频率成正比，振幅为两个峰值之间的双振幅值。在一定水头和最优单位转速下，当导叶相对开度为50%左右时，压力脉动幅值为最大。

（二）尾水管中的压力脉动

尾水管内产生压力脉动的原因，是由于在尾水管内产生螺旋状空腔涡带，此涡带在尾水

管内处在偏心位置，由于尾水管内压力分布不均匀，所以涡带旋转时，在尾水管壁的固定点上就形成了周期性的压力脉动。这个压力脉动可能影响水轮机水头和流量的变化，当该压力脉动的频率与发电机电磁振荡频率一致时，会直接引起功率摆动；当它与钢管水体的固有频率一致时，将引起钢管水压的强烈波动，进而产生功率摆动和钢管振动，当钢管的固有频率与压力脉动频率相等时，还可激发钢管的共振。

尾水管压力脉动的消振措施分为向尾水管内补气、在尾水管中装阻水栅、在尾水管中心安装同轴套筒、延长泄水锥、增加尾水管的深度和长度等。

（三）止漏装置中的压力脉动

当止漏装置的转动部分与固定部分的间隙不均时，止漏环将产生压力脉动，对于高水头混流式水轮机，这个问题更为突出。压力脉动可以加大机组的摆度，在一定条件下它也会引起水轮机自激振动。所谓自激振动，是指激励振动的力不是来自外界，而是来自运动本身。自激振动的频率一般是系统的固有频率。

止漏装置压力脉动的消振措施分为减小振动部分与固定部分的偏心、减小转动部分或固定部分的不圆度、改进止漏环的结构形式、在转轮下腔增设均压管等。

第八节 水轮机比转速

一、水轮机比转速的概念

水轮机的单位转速 n_{11}、单位流量 Q_{11} 及单位出力 P_{11} 等单位参数只能分别从不同的方面反映水轮机的性能，为了能综合反映水轮机性能，提出了比转速的概念。

水轮机比转速是指几何相似、运动相似的水轮机在水头为 1m，输出功率为 1kW 时的转速（单位为 m·kW），代表了水力机械的综合性能，其计算公式为

$$n_s = \frac{n\sqrt{P}}{H^{5/4}} \qquad (5-8-1)$$

水泵比转速为几何相似的水泵在扬程为 1m，流量为 1m³/s 时的转速（单位为 m·m³/s），其计算公式为

$$n_q = \frac{n\sqrt{Q}}{H^{3/4}} \qquad (5-8-2)$$

水轮机比转速与水泵比转速的关系为

$$n_s = 3.13 n_q \qquad (5-8-3)$$

水轮机比转速 n_s 综合反映了水轮机工作参数之间的关系，它代表同一系列水轮机在相似工况下运行的综合性能。目前国内大多采用比转速 n_s 作为水轮机系列分类的依据。但由于比转速 n_s 随工况变化而变化，所以通常规定采用设计工况或最优工况下的比转速作为水轮机

分类的特征参数。

现代各型水轮机的比转速范围为：水斗式水轮机比转速 $n_s = 10 \sim 70$；混流式水轮机比转速 $n_s = 60 \sim 350$；斜流式水轮机比转速 $n_s = 200 \sim 450$；轴流式水轮机比转速 $n_s = 400 \sim 900$；贯流式水轮机比转速 $n_s = 600 \sim 1100$。随着新技术、新工艺、新材料的不断发展和应用，各型水轮机的比转速值也正在不断地提高。出现这种趋势的原因可从以下两方面得以说明：

（1）由式（5-8-1）可知，当水轮机转速和水头一定时，即 n、H 一定时，要想提高水轮机比转速 n_s，对于相同尺寸的水轮机，可提高其出力，或者可采用较小尺寸的水轮机发出相同的出力。

（2）当水轮机水头和出力一定时，即 H、P 一定时，要想提高水轮机比转速 n_s，可增大水轮机转速 n，从而可使发电机的外形尺寸减小。同时可使机组零部件的受力减小，即可减小零部件的尺寸。

总之，提高水轮机比转速 n_s 对提高机组动能效益及降低机组造价和厂房土建投资都具有重要的意义。

二、比转速与水轮机性能的关系

水轮机性能一般是指水轮机能量，空化等水力性能。根据统计资料，额定工况（即满负荷）时空化系数 σ 随着水轮机比转速增加而增加。在高水头的电站中，如采用比转速高的水轮机，即使保证了机器的强度条件，还要有较大的淹没深度，这显然增加了厂房的开挖和土建投资。因此，从材料强度和抗空化性能（影响厂房投资）条件着眼，在一定的水头段只能采用对应合适比转速的水轮机。

三、比转速与水轮机几何参数的关系

比转速与水轮机的几何参数，可从水轮机转轮几何形状和使用条件来说明。不同型号的水轮机，具有不同的比转速。由上述分析可知，水轮机比转速 n_s 越高，则单位流量 Q_{11} 越大。在一定的流速下，其所需过流断面的面积越大，要求导叶的相对高度 b_0/D_1（活动导叶高度和转轮标称直径的比值）大，转轮叶片数少，因此比转速将直接影响转轮的几何形状。

近代水电工程中不断提高同一类型水轮机的应用水头。或者说对于已确定的水头，倾向于选用更高比转速的水轮机。例如，在世界范围内，从 20 世纪 60 年代至 20 世纪 80 年代，混流式水轮机应用比转速提高了 17%，轴流转桨式水轮机提高了 15%，冲击式水轮机提高了 9%，出现这种倾向的原因是使用高比转速水轮机能带来更高的经济效益。因为从水轮机本身看来，随着比转速的提高，在相同出力与水头条件下，能够缩减水轮机的尺寸，这样，能降低水轮机的成本及节约动力厂房的投资。或者对既定的水轮机尺寸，在相等水头条件下，提高比转速能够增加水轮机的出力。对于发电机，由于水轮机比转速提高则提高了发电机转速，从而可以用较小的磁极数，也缩小发电机的尺寸，从而导致电机成本的降低。因此无论从动能或经济的观点，提高水轮机的比转速都是十分有利的。

第九节　水轮机特性与特性曲线

一、水轮机特性曲线概念

水轮机特性曲线表示水轮机在各种运行工况下，特性参数之间变化规律的曲线。用于表示水轮机特性参数的有几何参数、工作参数、综合参数。

（1）几何参数：D_1、D_2、a_0、b_0、ϕ 等。

（2）工作参数：n、Q、H、P、H_s、η 等。

（3）综合特性参数：n_{11}、Q_{11}、P_{11}、n_s、σ 等。

参数之间的关系较复杂，难以找出具体的函数表达式，因此只能逐一分解，找出部分参数之间的关系。

水轮机常见线型特性曲线主要分为转速特性曲线、工作特性曲线及水头特性曲线。

二、水轮机的线型特性曲线

线型特性曲线具有简单、直观等特点，所以常用来比较不同型式水轮机的特性。

（一）转速特性曲线

转速特性曲线表示水轮机在导叶开度、叶片转角和水头为某常数时，其他参数与转速之间的关系。在水轮机的模型试验中，常规的做法是保持一定的水头，通过改变轴上的负荷（力矩）来改变转速，达到调节工况的目的。故整理模型试验的数据时，以转速特性曲线最为方便，水轮机的其他特性曲线，实际上都是从转速特性曲线换算而得的，如图 5-9-1 所示。由水轮机转速特性曲线可以看出水轮机在不同转速时的流量、出力与效率，还可以看出水轮机在某开度时的最高效率、最大出力及水轮机的飞逸转速。

不同比转速的水轮机其转速特性也不同，低比转速水轮机的效率对转速的变化比较敏感，在偏离额定转速时，水轮机的效率下降较快，而高比转速水轮机则下降较慢；低比转速水轮机的过流量随着转速增高而减小，而高比转速水轮机的过流量则随转速增高而增加，中比转速水轮机的过流量则几乎不随转速变化。

不同类型、不同比转速的水轮机，其飞逸转速不同。低比转速的混流式水轮机，其飞逸转速为额定转速的 1.6 倍左右；而高比转速的轴流式水轮机则高达 2.6～3.0 倍的额定转速。

（二）工作特性曲线

一般说来，水电站的水轮机通常在固定的转速下运转，水头的变化也较缓慢，但机组负荷则是经常变化的。为表示水轮机工作在固定的转速和水头下的特性而绘制的曲线，即为水轮机工作特性曲线，如图 5-9-2 所示。

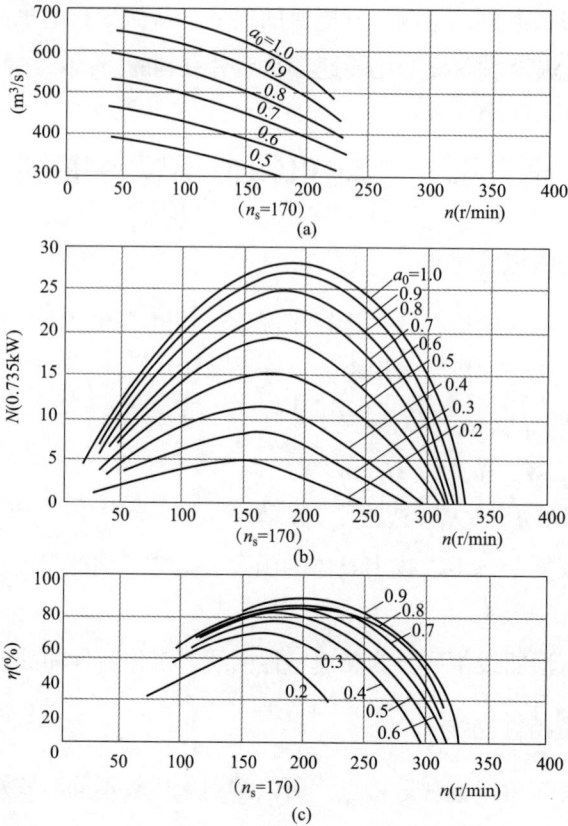

图 5-9-1　水轮机转速特性曲线

（a）转速－流量曲线；（b）转速－出力曲线；（c）转速－效率曲线

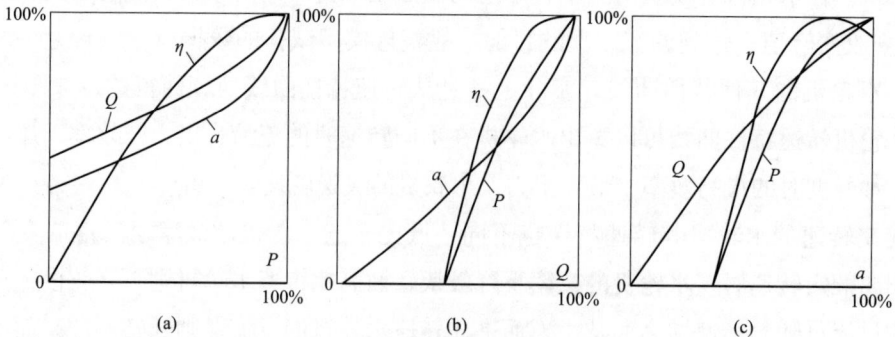

图 5-9-2　水轮机工作特性曲线

（a）Q、η、$a \sim P$ 曲线；（b）P、η、$a \sim Q$ 曲线；（c）Q、η、$P \sim a$ 曲线

在水轮机的工作特性曲线上，有三个重要的特征点：

（1）当功率为零时，流量不为零，此处的流量 Q 称为空载流量，对应的导叶开度称为空载开度。这时的流量很小，水流作用于转轮的力矩仅够克服阻力而维持转轮以额定转速旋转，没有输出功率。

（2）效率最高点对应的流量为最优流量。

（3）功率曲线最高点处的功率，称为极限功率，对应的流量称为极限流量。

三种工作特性曲线可以相互转换，将一种形式变换成任何其他一种形式。从任何一种工作特性曲线上都可以看出水轮机的空载开度及所对应的流量，也可以看出水轮机的最优工况所对应的水轮机导叶开度、流量与出力。

（三）水头特性曲线

水头特性曲线表示水轮机在转速、导叶开度为某常数时，其流量 Q、出力 P、效率 η 与水头 H 之间的关系。由试验直接获得水轮机的水头特性曲线较困难，因此，通常用转速特性曲线经相似换算求得相应的水头特性曲线。

从图 5-9-3（a）可以看出，水轮机的出力与水头关系曲线接近于直线，各导叶开度 a 下的曲线从相应的空载水头点 H_X 开始引出。在低于空载水头时，水轮机即使在空载时也不能达到额定转速。从图 5-9-3（b）可以看出，当水头低于最高效率点所对应的水头 H_0 时，水轮机效率的变化比较急剧，而水头高于 H_0 时，效率变化较缓慢。从图 5-9-3（c）可以看出，水轮机的流量与水头关系曲线在小开度时接近直线，但在大开度时呈现非直线性。

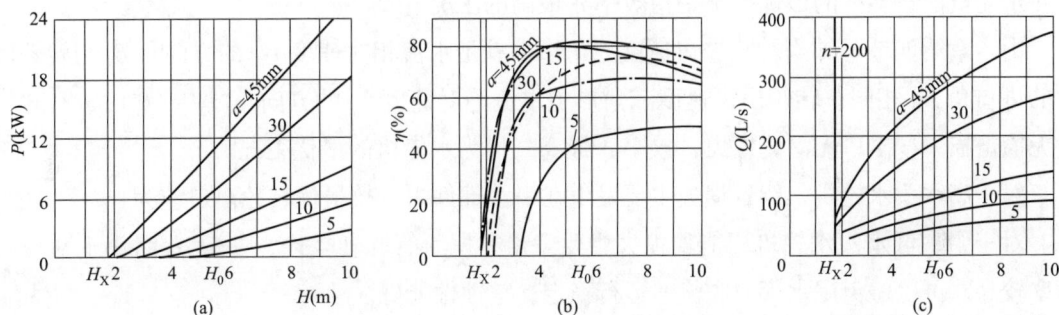

图 5-9-3　水轮机水头特性曲线

（a）出力与水头关系曲线；（b）效率与水头关系曲线；（c）流量与水头关系曲线

第十节　水轮机能量转换

一、水轮机工作的原理

单位时间内水流对转轮的动量矩改变，应等于作用在该水流上的外力的力矩总和，此作用力矩与转轮前后水流本身速度矩的改变有关。也就是说转轮前的旋转水流具有速度矩，流经转轮后减小的过程中，水流就将其能量传给转轮，使转轮获得转矩。

水轮机的基本方程的实质是由水流能量转换为旋转机械能的平衡方程，水流与叶片相互作用，使得水轮机做功。水流通过水轮机时，叶片迫使水流动量矩发生变化，而水流以反作用力作用在叶片，从而使转轮获得力矩。

水能转变为旋转机械能的必要条件：水流在转轮出口的能量小于进口处的能量，即转轮的进口和出口必须存在速度矩的差值。

二、水轮机的能量损失和效率

水轮机的能量损失和效率主要为水力损失及水力效率、容积损失及容积效率、机械损失和机械效率。要提高水轮机的效率，可采取以下措施：

（1）降低水流速度；

（2）减小过流部件表面的粗糙度值使之光滑，减小摩擦面积；

（3）过流部件制成流线形状；

（4）控制水轮机运行工况；

（5）减小转动部分与固定部分之间的间隙；

（6）装有止漏装置，以增加间隙中漏水的阻力，从而达到减少漏水量的目的；

（7）缩短导轴承高度，保证润滑良好等。

三、水轮机能量转换的最优工况

水轮机能量转换的最优工况是指效率 η 最高的工况。

由本章第四节可知当转轮进口速度三角形中满足水流相对速度 W_1 的方向角 β_1 与转轮叶片的进口角 β_{e1} 相同、转轮出口速度三角形中水流绝对速度 V_2 的方向角 $\alpha_2 = 90°$时，转轮进口无撞击损失，出口无涡流损失，效率 η 最高，称为水轮机的最优工况。

对于高水头水轮机，能量损失主要发生在引水部件内，故最优转轮出口应为 $\alpha_2 = 90°$。

对于中、低水头水轮机，能量损失主要发生在尾水管和转轮内，一般 α_2 略小于 $90°$时，效率较高，可以避免尾水管内脱流，运行稳定，空蚀性能好。

轴流转桨式、斜流式水轮机在不同工况下，可以进行双调节（导叶出口角 α_0、叶片角度 ϕ），一般可使水轮机在较大范围内达到或接近进口无撞击、出口无涡流，具有较宽广的效率区。

四、非最优工况对能量转换的影响

最优工况可以使水轮机损失少、效率高，是人们所希望的理想工况，但对于形状和尺寸均已确定的水轮机，这种最优工况只会在某个水头、流量和转速条件下才能形成。而水轮机在实际运行中，水头、流量总是变化的，不可避免地会偏离最优工况。因此要进一步研究改变水头、流量时，水流在水轮机内运动的变化以及对水轮机中能量转换的影响。

（一）对混流式和轴流定桨式水轮机的影响

1. 流量改变时的情况

当通过导叶开度改变流量时（即改变导叶出口角 α_0），转轮进口处的绝对速度 V_1 的数值和方向都发生变化，此时 $\beta_1 \neq \beta_1'$，从而使水流偏离设计工况，产生进口撞击。如图 5-10-1 中虚线所示，为增大流量时的进口速度三角形。此时 V_1 变成 V_1'，W_1 变成 W_1'，W_1' 不再与叶片骨线在进口处相切，破坏了无撞击进口，从而增加了进口的水力损失。在转轮出口处，当流量增大时，U_2 不变，W_2 的方向亦不变，但大小增加了，由 W_2 变为 W_2'，此时速度三角形亦为虚线所示，V_2 变为 V_2'，大小和方向都发生了变化，V_2 不再与 U_2 相垂直，即破坏了法向出口，产生了 V_{u2}，使进入尾水管的水流产生旋转，而且与主轴旋转方向相反。若流量减小，则同样会产生一个 V_{u2}，只是与主轴旋转方向一致。两者都将增加出口的水力损失，恶化尾水管的工作，降低效率，并在尾水管中形成涡带，导致机组工作不稳定。

2. 水头改变时的情况

若在导叶开口不变的情况下，改变水头，此时转轮进、出口 U_1、U_2 大小方向不变，V_1 和 W_2 方向也不变，仅数值变化，这就必然引起 W_1 和 V_2 的方向和大小改变，使水轮机偏离最优工况。如图 5-10-2 虚线所示，当水头高于设计水头时，此时转轮进口 U_1 大小方向不变，V_1 方向不变，而在数值上增加至 V_1'，从而使 W_1 变为 W_1'，W_1' 不再与叶片骨线在转轮进口处相切，从而引起进口脱流和撞击损失，此时转轮出口处的水流也不能保持法向出口，就增大了尾水管的损失，恶化了尾水管及转轮的空蚀。

当水头低于设计水头时也可用同样方法分析。

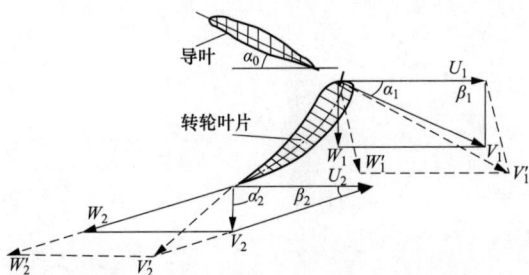

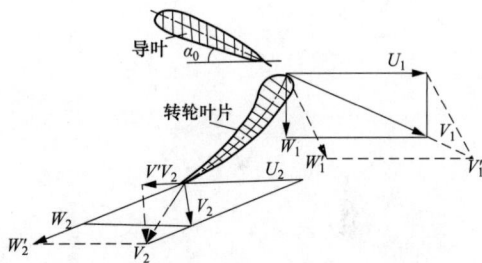

图 5-10-1　变流量速度三角形分析　　　　　5-10-2　变水头速度三角形分析

（二）对轴流转桨式水轮机的影响

轴流转桨式水轮机最大的特点是转轮叶片可以转动，当工况变化时转轮叶片可以随工况的改变而自动地转动一个相应的转角，从而使叶片与导水机构保持协联动作，使转轮进口比较接近无撞击进口，使出口比较接近最优出流，因而能在相当广阔的水头和流量变化范围内获得较高效率和保证机组稳定运行。

思　考　题

1. 水轮机不同形式之间的区别有哪些？ HL220-LJ-250 和 XLN200-LJ-300 的意义及区别是什么？

2. 思考速度三角形中各速度之间的合成与分解的关系，注意区分相对速度、绝对速度、圆周速度。

3. 水轮机基本方程中各物理量的含义是什么？

4. 水轮机水力损失、容积损失和机械损失是什么？水轮机最优工况的条件是什么？

5. 什么是空化和空蚀？空化和空蚀的种类有哪些？

6. 机组压力脉动有哪些？各自的消振措施是什么？

7. 什么是水轮机的比转速？它和转速、水头及出力有何关系？水轮机的比转速与水轮机性能和水轮机几何参数有何关系？

8. 水轮机的特性曲线有哪些？

第六章　电力电子技术

本章概述

电力电子技术主要用于电力变换，是建立在电子学、电工原理和自动控制三大学科上的新兴学科，是使用电力电子器件（如晶闸管、GTO、IGBT 等）对电能进行变换和控制的技术。因它本身是大功率的电技术，又大多是为应用强电的工业服务的，故常将它归属于电工类。电力电子技术的内容主要包括电力电子器件、电力电子电路和电力电子装置及其系统。电力电子器件以半导体为基本材料，最常用的材料为单晶硅；它的理论基础为半导体物理学；它的工艺技术为半导体器件工艺。近代新型电力电子器件中大量应用了微电子学的技术。电力电子电路吸收了电子学的理论基础，根据器件的特点和电能转换的要求，又开发出许多电能转换电路。这些电路中还包括各种控制、触发、保护、显示、信息处理、继电接触等二次回路及外围电路。利用这些电路，根据应用对象的不同，组成了各种用途的整机，称为电力电子装置。

本章包含晶闸管、单相可控整流电路、单相桥式全控整流电路、三相桥式全控整流电路、三相桥式整流电路的有源逆变电路工作状态、三相电流型逆变电路 6 部分内容。

学习目标

	学习目标
知识目标	1. 能理解晶闸管的结构、基本特性和工作原理。 2. 能理解典型单相可控整流电路的结构及工作原理。 3. 能理解单相桥式全控整流电路在不同负载下的电路结构、工作原理及主要数量关系。 4. 能理解三相桥式全控整流电路在不同负载下的电路结构、工作原理及主要数量关系。 5. 能理解逆变的概念、直流发电机－电动机系统电能的流转、逆变产生的条件及三相桥式整流电路的有源逆变电路工作状态。 6. 能理解逆变电路的性能指标、分类、工作原理。 7. 能理解电压型三相桥式逆变电路。
技能目标	—

第一节　晶　闸　管

晶闸管是硅晶体闸流管的简称，主要用在可控整流、交流调压、无触点交直流开关、逆变和直流斩波等方面。

一、晶闸管的结构与工作原理

（一）晶闸管的结构

图 6-1-1 所示为晶闸管的外形、结构和电气图形符号。

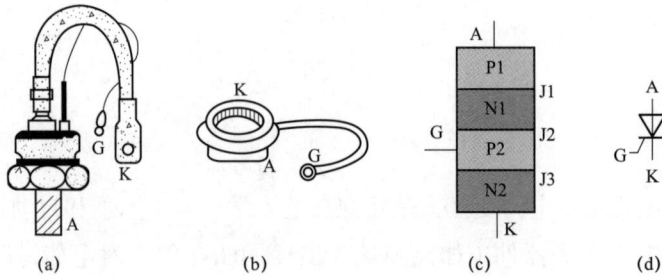

图 6-1-1　晶闸管的外形、结构和电气图形符号

（a）螺旋形；（b）平板形；（c）结构；（d）电气图形符号

从晶闸管的外形上看，目前国内外生产的晶闸管根据额定电流和功率的不同分为螺旋形和平板形（额定电流 200A 以上）两种。

无论哪种形式的晶闸管，均引出三个电极，分别为阳极 A、阴极 K 和门极（控制端）G。对于螺旋形晶闸管，粗辫子线是晶闸管的阴极 K，细辫子线为门极 G，螺栓是晶闸管的阳极 A，做成螺栓形是为了能与散热器紧密连接且安装方便；平板形封装的晶闸管可由两个散热器将其夹在中间，其两个平面分别是阳极和阴极，引出的细长端子为门极。

晶闸管的内部是 PNPN 四层半导体结构，分别命名为 P1、N1、P2、N2 四个区。P1 区引出阳极 A，N2 区引出阴极 K，P2 区引出门极 G。四个区形成三个 PN 结，分别为 J1、J2、J3。

（二）晶闸管的工作原理

晶闸管与硅二极管相似，都具有单向导电特性，所不同的是，晶闸管导通必须具备两个条件：一是阳极与阴极间加足够的正向电压；二是门极加适当的正向电压，作为晶闸管导通的触发信号。

晶闸管一旦导通，门极即失去控制作用。要重新关断晶闸管，就必须减小阳极电流使之小于维持电流。通常是将阳极电源断开，或者在晶闸管的阳极和阴极间加一个反向电压。

二、晶闸管的基本特性

（一）静态特性

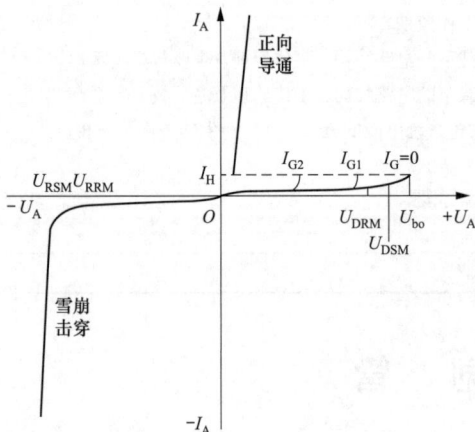

图 6-1-2　晶闸管的伏安特性

图 6-1-2 所示为晶闸管的伏安特性图。位于

第 I 象限的是正向特性，位于第 III 象限的是反向特性。

晶闸管从正向阻断转变为正向导通可以在两种情况下发生，一是门极未加触发电压，但阳极电压超过正向转折电压，造成晶闸管导通，这种导通方法很容易造成不可恢复性击穿而损坏晶闸管，在正常情况下是不允许的；另一种是阳极正向电压虽然低于正向转折电压，但在门极上加有适当触发电压使晶闸管触发导通，这就是晶闸管的可控单向导电性。

（二）动态特性

晶闸管的动态特性包含开通和关断的过程。

晶闸管开通过程描述的是使门极零时刻开始受到理想阶跃电流触发的情况。

晶闸管关断过程描述的是对已导通的晶闸管，外电路所加电压在某一时刻突然由正向变为反向的情况。

晶闸管的开通和关断的物理过程是复杂的，本章节不做详细介绍。

三、晶闸管的主要参数

（一）电压参数

（1）断态重复峰值电压 U_{DRM}：门极断路而结温为额定值时允许重复加在器件上的正向峰值电压。

（2）反向重复峰值电压 U_{RRM}：门极断路而结温为额定值时允许重复加在器件上的反向峰值电压。

（3）通态（峰值）电压 U_{TM}：晶闸管通以某一规定倍数的额定通态平均电流时的瞬态峰值电压。

（4）正向转折电压 U_{B0}：在额定结温和门极断开、阳极—阴极间加正弦半波正向电压的条件下，晶闸管由正向阻断状态转变为导通状态所对应的电压峰值。

（二）电流参数

（1）通态平均电流 $I_{T(AV)}$：晶闸管在环境温度为 40℃ 和规定的冷却状态下，结温不超过额定结温时所允许流过的最大工频正弦半波电流的平均值。

（2）维持电流 I_H：使晶闸管维持导通所需要的最小电流，一般为几十到几百毫安。维持电流与结温有关，结温越高则维持电流越小。

（3）擎住电流 I_L：晶闸管刚从断态转入通态并移除触发信号后，能够维持导通所需的最小电流，通常为维持电流的 2～4 倍。

第二节　单相可控整流电路

一、单相半波可控整流电路

单相半波可控整流电路的特点是结构简单，但输入脉动大，变压器二次侧电流中含直流电流分量，易造成变压器铁芯直流磁化。

（一）电阻性负载

1. 电路的结构形式及工作原理

图 6-2-1 为电阻性负载单相半波可控整流电路的原理图及工作波形图。变压器 T 起到电压变换和隔离的作用，其一次侧和二次侧电压瞬时值分别用 u_1 和 u_2 表示，有效值分别用 U_1 和 U_2 表示。电路中 u_2 为工频正弦电压，$u_2 = \sqrt{2}U_2 \sin \omega t$，$U_2$ 的大小根据直流侧输出电压 u_d 的平均值 U_d 确定。

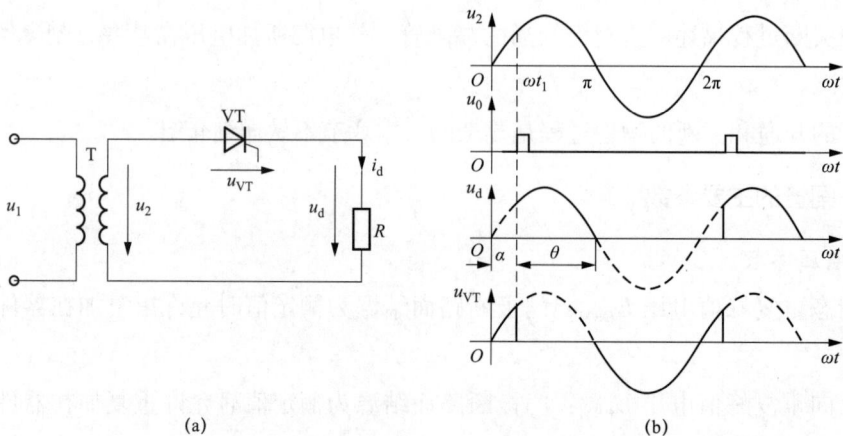

图 6-2-1 电阻性负载单相半波可控整流电路的原理图及工作波形图

（a）原理图；（b）工作波形图

在 u_2 的正半周，晶闸管 VT 阳极电压为正、阴极电压为负，VT 承受正向电压。根据晶闸管的导通条件，在电源电压为 u_2 的正半周，$0 \sim \omega t_1$ 期间因尚未给晶闸管 VT 施加触发脉冲，VT 处于正向阻断状态，如果忽略漏电流，则负载上无电流流过，输出电压 $u_d = 0$，VT 承受全部电源电压，VT 上的电压 $u_{VT} = u_2$。在 ωt_1 时刻以后，VT 由于触发脉冲 u_G 的作用而导通，如果忽略晶闸管的正向导通压降，则输出电压 $u_d = u_2$，VT 上的电压 $u_{VT} = 0$，一直持续到 π 时刻。当 $\omega t_1 = \pi$ 时，电源电压 u_2 过零，负载电流即晶闸管的阳极电流将小于它的维持电流，晶闸管 VT 关断，输出电压和电流为 0。

在 u_2 的负半周，晶闸管始终承受反向电压，不论有无触发信号，VT 均不能导通，VT 上的电压 $u_{VT} = u_2$，一直到下一个周期晶闸管又处于正向电压，以后不断重复以上过程。

输出电流 i_d 的波形与输出电压 u_d 的波形相同。改变晶闸管门极触发脉冲 u_G 的出现时刻，输出电压的波形与输出电流 i_d 的波形随之改变。从图 6-2-1（b）中的波形可以看出，输出电压 u_d 为极性不变，但瞬时值变化的脉动直流电压。因为输出电压 u_d 的波形只在 u_2 正半周出现，故称为半波可控整流。整流输出电压以 u_d 波形在一个周期中只占一个脉波，因此也称为单脉波整流电路。由于交流输入为单相，该电路称为单相半波可控整流电路。

2. 名词术语和概念

控制角 α：从晶闸管开始承受正向电压到被触发导通为止，这段时间所对应的电角度，又称触发延迟角或触发滞后角。如图 6-2-1（b）中 $0\sim\omega t_1$ 一段所对应的电角度，即 $\alpha=\omega t_1$。

导通角 θ：晶闸管在一个电源周期中导通的电角度。如图 6-2-1（b）中 $\omega t_1\sim\pi$ 一段所对应的电角度，即 $\theta=\pi-\alpha$，导通角 θ 与负载性质有关。

移相：改变控制角 α 的大小，即改变触发脉 u_G 出现的时刻，称为移相。

移相控制：通过移相可以控制输出电压 u_d 的大小，故将通过改变控制角，调节输出电压的控制方式，称为移相控制。

移相范围：改变控制角 α 使输出整流电压平均值从最大值降到最小值（0 或负最大值），控制角 α 的变化范围，即触发脉冲移相范围。它与电路结构和负载性质有关。

同步：触发脉冲与电源电压之间频率和相位的协调配合关系，称为同步。使触发脉冲与电源电压保持同步是电路正常工作不可缺少的条件。

换流：在电路中，电流从一个支路向另一个支路转移的过程，称为换流，也称换相。

自然换相点：当电路中可控元件全部由不可控元件代替时，各元件的导电转换点称为自然换相点。如图 6-2-1（b）中 $\omega t=0$ 的点就是该电路的自然换相点。

（二）电感性负载

当负载中的感抗 ωL 与电阻 R 相比不可忽略时，即为电感性负载。电动机的励磁绕组和经大电感滤波的负载等都属于电感性负载。图 6-2-2 所示为电感性负载单相半波可控整流电路的原理图及工作波形图。

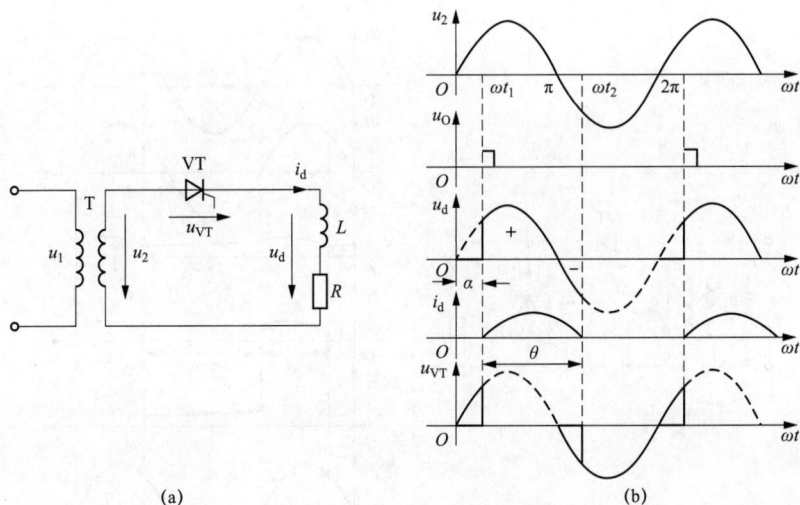

图 6-2-2　电感性负载单相半波可控整流电路的原理图及工作波形图（无续流二极管）

（a）原理图；（b）工作波形图

理解电感性负载的特点是理解电感性负载整流电路工作的关键。电感性负载的特点如下：

（1）电感对电流变化有抗拒作用，使得流过电感的电流不能发生突变。当电流增加时，电感两端产生感应电动势阻止电流增加；当电流减小时，$L di/dt$ 的极性反过来，以阻止电流减小。

（2）在电路工作过程中，电感不消耗能量。在 u_2 的正半周，VT 承受正向电压。在 $0 \sim \omega t_1$ 期间，无触发脉冲，VT 处于正向阻断状态，没有负载电流，即 $i_d = 0$，输出电压 $u_d = 0$，VT 承受全部电源电压，即 $u_{VT} = u_2$。在 ωt_2 时刻，晶闸管 VT 由于触发脉冲 u_G 的作用而导通，u_2 加于负载两端，则输出电压 $u_d = u_2$，忽略晶闸管的管压降，$u_{VT} = 0$，电感 L 的存在使得电流 i_d 不能突变，电流 i_d 从 0 开始增加，同时 L 的感应电动势 e_L 的极性为上正下负，与 u_2 的极性相反，阻止电流 i_d 的突变。此时，交流电源除供给电阻能量外，还要供给电感 L 所吸收的磁场能量。在 π 时刻，$u_2 = 0$，$u_d = 0$，但由于电感 L 中蓄有磁场能，$i_d > 0$；在 $\pi \sim \omega t_2$ 期间，电感 L 放出先前储存的能量，供给电阻 R，在此期间电感 L 的感应电动势的极性是上负下正，使电流方向不变，只要该感应电动势 e_L 比 u_2 大，VT 仍承受正向电压而继续维持导通，直至电感 L 中磁场能量释放完毕，VT 承受反向电压而关断。晶闸管承受的最大正反向电压均为电源电压 u_2 的峰值，即 $\sqrt{2}U_2$。

由于电感的存在，延迟了晶闸管关断的时刻，使输出电压 u_d 波形出现负值，因此输出直流电压的平均值下降。当 R 为一定值时，L 越大，在 u_2 负半周电感 L 维持晶闸管导通的时间越长，就越接近晶闸管在 u_2 正半周导通的时间，输出电压 u_d 负的部分越接近正的部分，其平均值 u_d 越接近 0，输出的直流电流平均值也越小，负载上得不到所需的功率，单相半波可控整流电路如不采取措施，是不可能直接带动大电感负载正常工作的。

为了解决大电感负载时的上述矛盾，在整流电路的负载两端并联一个整流二极管，称为续流二极管 VD_R，如图 6-2-3 所示。

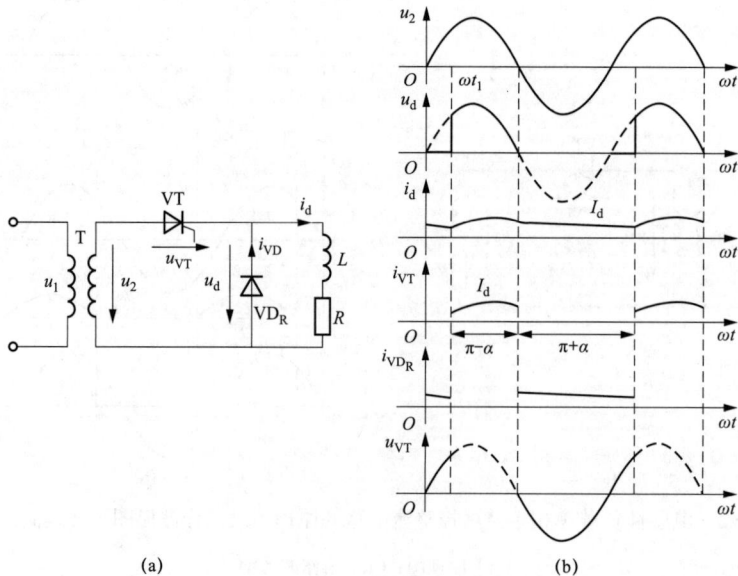

图 6-2-3　电感性负载单相半波可控整流电路的原理图及工作波形图（有续流二极管）

（a）原理图；（b）工作波形图

在 u_2 的正半周，VD_R 承受反向电压，不导通，不影响电路的正常工作，电路的工作情况与没有续流二极管的情况相同；在 $\pi \sim \omega t_2$ 期间，电感 L 的感应电动势（下正、上负）使 VD_R 导通，VD_R 导通后其管压降近似为 0，此时使负极性电源电压通过 VD_R 全部施加在晶闸管 VT 上，晶闸管 VT 因承受反向阳极电压使其关断。在电源电压 u_2 的负半周内，负载上得不到电源的负电压，而只有续流二极管的管压降，接近为 0，输出电压 $u_d = 0$；电感 L 释放其存储的能量，维持负载电流，此过程通常称为续流。若电感 L 足够大，$\omega L \gg R$，则 VD_R 可持续导通，使负载电流 i_d 连续。

晶闸管承受的最大正反向电压均为电源电压 u_2 的峰值，即 $\sqrt{2}U_2$，续流二极管承受的最大反向电压也为 $\sqrt{2}U_2$。

二、单相桥式半控整流电路

在单相桥式全控整流电路中，晶闸管的作用是控制导通时间和确定电流的流通路径，如果仅仅是为了控制导通时间（可控整流），每个桥臂使用一只晶闸管就可以控制导通时间，另一只晶闸管可以用电力二极管代替来确定电流的流通路径，从而使电路简化，如图 6-2-4（a）所示。

电阻性单相桥式半控整流电路的工作情况与电阻性单相桥式全控整流电路的工作情况相同。

三、单相全波可控整流电路

单相全波可控整流电路也称为单相双半波可控整流电路，图 6-2-5 给出了电阻性负载单相全波可控整流电路的原理图及工作波形图。图中，T 是一个二次绕组带中心抽头的电源变压器，变压器二次绕组两端分别接晶闸管 VT1 和 VT2，晶闸管 VT1 和 VT2 的阴极连接在一起，称为共阴极连接。在 u_2 的正半周，触发晶闸管 VT1 导通，负载得到上正下负的输出电压 u_d；在 u_2 的负半周，触发 VT1 导通，负载也得到上正下负的输出电压 u_d。

图 6-2-5（b）为电阻性负载单相全波可控整流电路输出电压 u_d 的波形和变压器一次电流 i_1 的波形。由图中可知，输出电压 u_d 的波形和电阻性负载单相桥式全控整流电路的波形相同，交流输入端的电流为交变电流，变压器不存在直流磁化问题。当接其他负载时，也可得到相同的结论。单相全波整流电路适合在低输出电压的场合应用。

从直流输出端和交流输入端看，可以说单相全波可控整流电路与单相桥式全控整流电路是基本一致的。两者区别如下：

（1）单相全波可控整流电路中变压器的二次绕组带中心抽头，结构较复杂，绕组及铁芯对铜、铁等材料的消耗比单相桥式全控电路多。

（2）单相全波可控整流电路只用 2 个晶闸管，比单相桥式全控整流电路少 2 个，相应地，门极驱动电路也少 2 个，但是晶闸管承受的最大电压为 $2\sqrt{2}U_2$，是单相桥式全控整流电

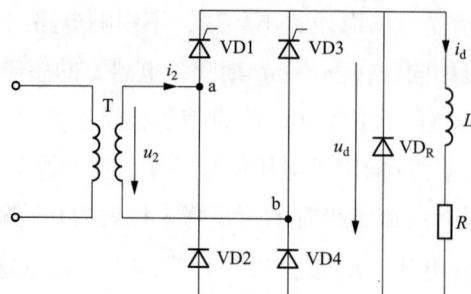

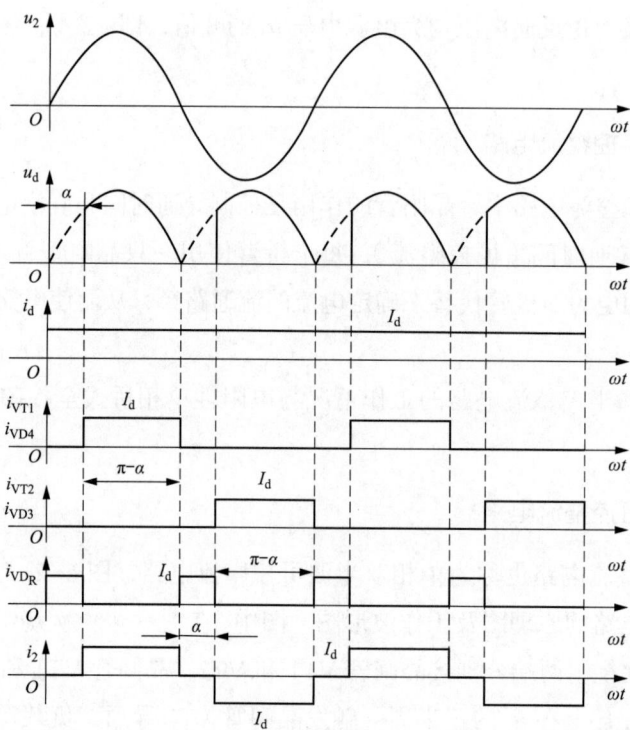

图 6-2-4　电感性负载单相桥式半控整流电路的原理图及工作波形图（有续流二极管）

（a）原理图；（b）工作波形图

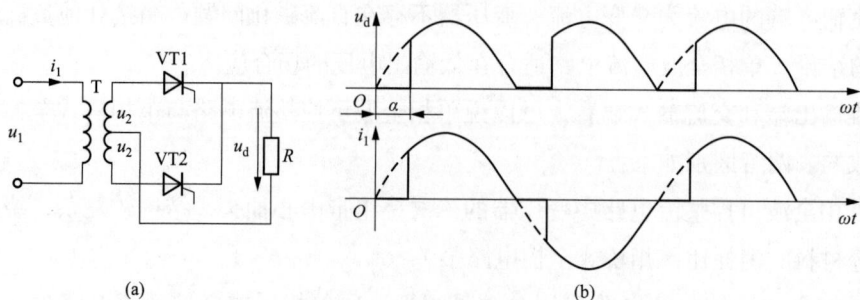

图 6-2-5　电阻性负载单相全波可控整流电路的原理图及工作波形图

（a）电路图；（b）工作波形图

路的 2 倍。

（3）单相全波可控整流电路中，导电回路只含 1 个晶闸管，比单相桥式全控整流电路少 1 个，因而管压降也少 1 个。

第三节　单相桥式全控整流电路

一、电阻性负载

图 6-3-1 为电阻性负载单相桥式全控整流电路的原理图及工作波形图。在变压器二次侧电压 u_2 正半周（即 a 点电位高于 b 点电位），如果 4 个晶闸管都不导通，则负载电流为 0，输出电压也为 0。晶闸管 VT1 和 VT4 承受正向电压，假设 VT1 和 VT4 的漏电阻相等，则 VT1 和 VT4 各承受正向电压的 1/2。在控制角 α 时刻给 VT1 和 VT4 施加触发脉冲，VT1 和 VT4 导通，电流从 a 端流出，经过 VT1、R 和 VT4 流回电源 b 端，使负载电阻 R 上得到极性为上正下负的整流输出电压 u_d。当 u_2 过零时，晶闸管电流也下降到 0，VT1 和 VT4 关断。

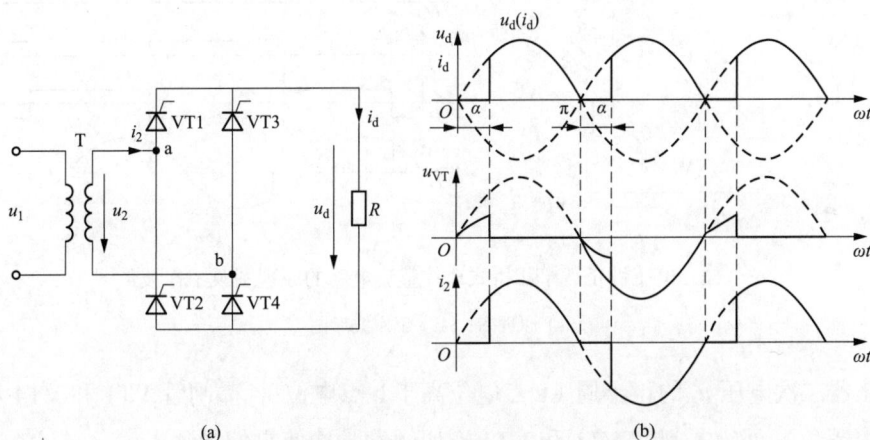

图 6-3-1　电阻性负载单相桥式全控整流电路的原理图及工作波形图
（a）原理图；（b）工作波形图

在 u_2 的负半周（b 点电位高于 a 点电位），晶闸管 VT2 和 VT3 承受正向电压。仍在控制角 α 时刻给 VT2 和 VT3 施加触发脉冲，VT2 和 VT3 导通，电流从 b 端流出，经过 VT3、R 和 VT2 流回电源 a 端，负载电阻 R 依然得到极性为上正下负的整流输出电压 u_d。当 u_2 过零时，晶闸管电流也下降到 0，VT2 和 VT3 关断。此后，VT1 和 VT4、VT2 和 VT3 这两对晶闸管在对应时刻交替导通关断，循环工作。晶闸管承受的最大正向电压为 $\frac{\sqrt{2}}{2}U_2$，承受的最大反向电压为 $\sqrt{2}U_2$。

在交流电源的正、负半周都有整流输出电流流过负载，该电路也称为全波电路。在 u_2

的一个周期内，整流电压波形脉动两次，脉动次数多于单相半波整流电路，使直流电压、电流的波形得到了改善，该电路属于双脉波整流电路。因为桥式整流电路正负半周均能工作，使得变压器二次绕组在正、负半周均有电流流过，流过电流方向相反且波形对称，即直流电流平均值为 0，故变压器不存在直流磁化问题，变压器绕组和铁芯的利用率较高。

二、电感性负载

假设电路已处于正常的稳定工作状态，电感性负载单相桥式全控整流电路的原理图及工作波形图如图 6-3-2 所示。

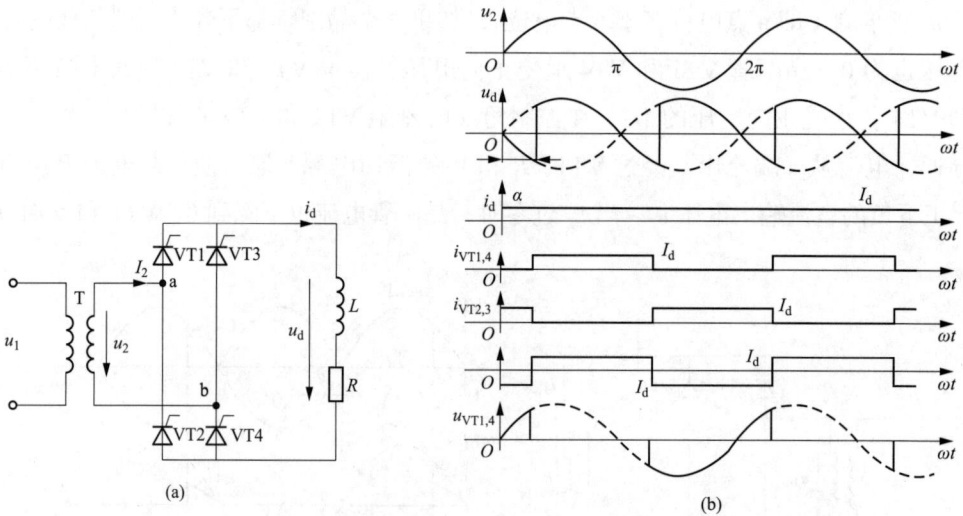

图 6-3-2 电感性负载单相桥式全控整流电路的原理图及工作波形图

（a）原理图；（b）工作波形图

在变压器二次电压 u_2 的正半周（a 点电位高于 b 点电位），晶闸管 VT1 和 VT4 承受正向电压。在控制角 α 处给晶闸管 VT1 和 VT4 施加触发脉冲使它们导通，$u_d = u_2$，整流输出电流从 a 端流出，经过 VT1、L、R 和 VT4 流回电源 b 端。负载中有电感存在使负载电流不能突变，电感对负载电流起平波作用，假设负载电感 L 足够大，$\omega L \gg R$，则负载电流 i_d 连续、平直，近似为一水平线，大小为 I_d，波形如图 6-3-2（b）所示。当 u_2 过零变负时，由于 u_2 减小时负载电流 i_d 出现减小的趋势，促使电感 L 上出现下正上负的自感电动势 e_L，u_2 与 u_2 一起构成晶闸管上的阳极电压，如果 $|e_L| > |u_2|$，即使 u_2 过零变负，也能保证施加在晶闸管上的阳极电压 $e_L + u_2 > 0$，维持晶闸管继续导通。这样，整流输出电压 u_d 波形中将出现负值部分，持续到另一对晶闸管 VT2 和 VT3 导通为止。

在 u_2 的负半周（b 点电位高于 a 点电位），晶间管 VT2 和 VT3 承受正向电压，在 $\omega t = \pi + \alpha$ 时刻给 VT2 和 VT3 加触发脉冲，晶闸管导通，整流电流从 b 端流出，经过 VT3、L、R 和 VT2 流回电源 a 端。u_2 通过导通的晶闸管 VT2 和 VT3 向晶闸管 VT1 和 VT4 施加反向电压使其关断，流过 VT1 和 VT4 的电流迅速转移到 VT2 和 VT3 上，此过程称为换相，也称换流。VT2 和 VT3 一直导通到下一周期相应的控制角 α 时，重新导通 VT1 和 VT4，如此重复循环下去。如图 6-3-2（b）所示，整流输出电压 u_d 具有正、负输出，晶闸管承受的最大正反向电压均为 $\sqrt{2}U_2$。

三、反电动势负载

当负载为蓄电池或直流电动机的电枢（忽略其中的电感）时，负载本身具有一定的直流电动势，对整流来说，它们就是反电动势性质负载。当忽略主电路中各部分的电感时，反电动势性质负载可以被认为是电阻反电动势负载，其电路原理图及工作波形图如图 6-3-3 所示。

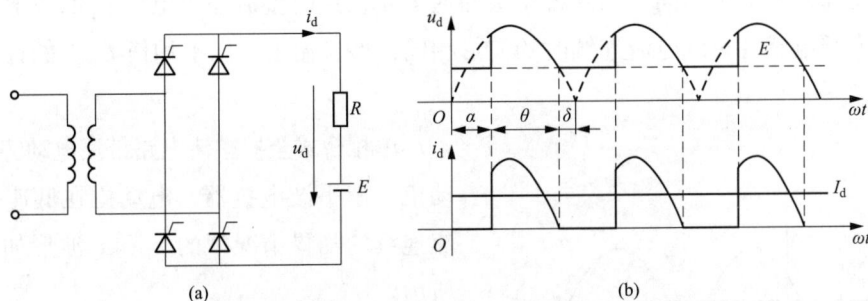

图 6-3-3　反电动势负载单相桥式全控整流电路的原理图及工作波形图

（a）原理图；（b）工作波形图

图 6-3-3（a）中，只有当变压器二次电压 u_2 的绝对值大于反电动势，即 $|u_2|>E$ 时，整流桥中晶闸管才能承受正向阳极电压而能被触发导通，电路中才有直流电流 i_d 输出。晶闸管导通以后，输出电压 $u_d = u_2$，负载电流 $i_d = \dfrac{u_d - E}{R}$，直到 $|u_2| = E$，i_d 降为 0 而使晶闸管关断，此后 $u_d = E$ 与电阻性负载时相比，晶闸管的导电时间缩短，如图 6-3-3（b）所示，晶闸管提前 δ 电角度停止导电，δ 称为停止导电角或最小起始导电角。δ 表征了在给定的反电动势 E、交流电压有效值为 U_2 的条件下，晶闸管可能导通的最早时刻。当交流电源电压的峰值为 $\sqrt{2}U_2$，反电动势大小为 E，控制角 $\alpha>\delta$ 时，$u_2>E$，晶闸管一经触发就能导通，晶闸管一直导通到 $\omega t = \pi-\delta$ 时刻为止。

当控制角 $\alpha<\delta$ 时，虽然在 $\omega t = \alpha$ 时刻给晶闸管门极施加了触发脉冲，但此时电源电压 u_2 小于反电动势 E，晶闸管承受反向阳极电压而不能导通，为了保证晶闸管可靠导通，要求触发脉冲有足够的宽度，确保当 $\omega t = \delta$ 时刻晶闸管开始承受正向阳极电压时，触发脉冲依然存在。这相当于将控制角 α 推迟为 δ，晶闸管的导通区间为 $\delta\sim$（$\pi-\delta$）。

反电动势负载下的输出电流是断续的，出现了 $i_d = 0$ 的时刻，电流断续对蓄电池充电工

97

作没什么影响，但对于为直流电动机供电会带来一系列影响。电流断续将使电动机运行条件严重恶化，机械特性变得很软。机械特性是指电动机的转速 n 与转矩 T 的关系 $n = f(T)$，反映出电动机的带载能力，直流电动机的机械特性是略微向下倾斜的直线，希望该直线越平越好。机械特性变软将导致电动机一旦负载波动，转速就有明显的下降，即电动机转速不稳，存在较大的转速波动。同时，电流断续时导通角 θ 变小，电流波形的底部变窄，平均电流是与电流波形的面积成比例的，为了增大平均电流，则电流峰值也需增大，有效值随之增大，高峰值的脉冲电流将造成直流电动机换向困难，并且在换向时容易产生火花，电流有效值的增大，要求电源的容量随之增大。

为了克服这些缺点，一般在反电动势负载主回路串联平波电抗器，用来平滑电流脉动和延长晶闸管导通时间，保持电流连续。当电感容量足够大、电流连续时，工作情况与电感性负载电流连续的情况相同：晶闸管每次导通 180°，这时整流输出电压 u_d 的波形和负载电流 i_d 的波形与电感性负载电流连续时的波形相同，整流输出电压平均值 $U_{d(av)}$ 的计算公式也相同。

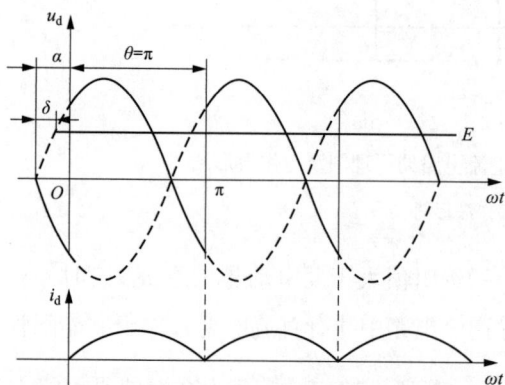

图 6-3-4　单相桥式全控整流电路带反电动势负载串平波电抗器及电流连续的临界情况

单相桥式全控整流电路带反电动势负载（电动机）串平波电抗器，电动机在低速轻载时电流连续的临界情况下的 u_d 和 i_d 波形如图 6-3-4 所示。

单相桥式全控整流电路具有整流波形好、变压器无直流磁化、变压器绕组利用率高、整流电路电压放大倍数高、控制灵敏度高、电路结构简单及整流电路功率因数高等优点；但也存在电压纹波大、波形差及控制滞后时间长等缺点。在负载容量较大以及对整流电路性能指标有更高要求时，多采用三相可控整流电路。

第四节　三相桥式全控整流电路

图 6-4-1 是应用最为广泛的三相桥式全控整流电路的原理图。习惯将其中阴极连接在一起的 3 个晶闸管（VT1、VT3、VT5）称为共阴极组；阳极连接在一起的 3 个晶闸管（VT4、VT6、VT2）称为共阳极组。此外，习惯上按图 6-4-1 所示顺序给晶闸管编号，即共阴极组中与 u、v、w 三相电源相接的 3 个晶闸管分别为 VT1、VT3、VT5，共阳极组中与 u、v、w 三相电源相接的 3 个晶闸管分别为 VT4、VT6、VT2。从后面的分析可知，按此编号，晶闸管的导通顺序为 VT1 → VT2 → VT3 → VT4 → VT5 → VT6。

一、电阻性负载

采用与分析三相半波可控整流电路时类似的方法，假设将电路中的晶闸管换作二极管，这种情况也相当于晶闸管触发角 $\alpha = 0°$ 时的情况。对于共阳极组的 3 个晶闸管，阳极所接交流值最高的一个导通；而对于共阴极组的 3 个晶闸管，则是阴极所接交流电压值最低（或者说负得最多）的一个导通。这样，任意时刻共阳极组和共阴极组中各有 1 个晶闸管处于导通状态，施加于负载上的电压为某一线电压，工作波形如图 6-4-2 所示。

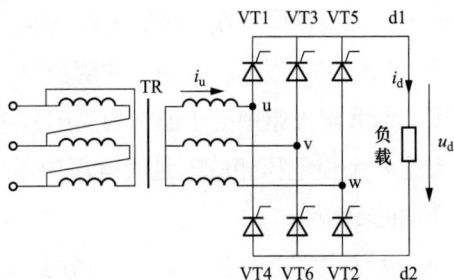

图 6-4-1　三相桥式全控整流电路的原理图

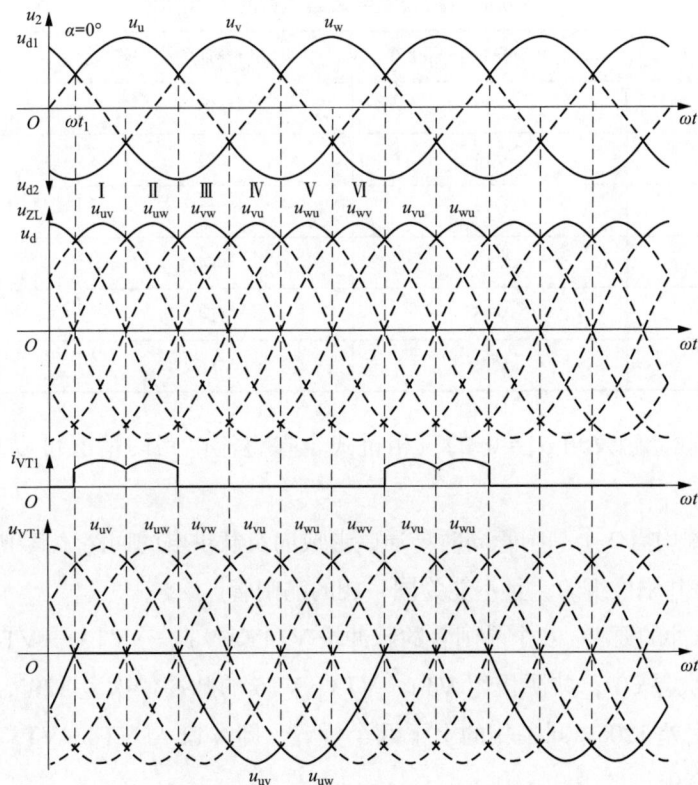

图 6-4-2　三相桥式全控整流电路工作波形（电阻负载，$\alpha = 0°$）

当 $\alpha = 0°$ 时，各晶闸管均在自然换相点处换相。由图 6-4-2 中变压器二次绕组相电压 u_2 与线电压 u_{ZL} 波形的对应关系可以看出，各自然换相点既是相电压的交点，同时也是线电压的交点。在分析输出电压 u_d 的波形时，既可从相电压波形分析，也可以从线电压波形分析。

从相电压波形看，以变压器二次侧的中点 n 为参考点，共阴极组晶闸管导通时，整流输

出电压 u_{d_1} 为相电压在正半周的包络线；共阳极组导通时，整流输出电压 u_{d_2} 为相电压在负半周的包络线。总的整流输出电压 $u_d = u_{d_1} - u_{d_2}$ 是两条包络线间的差值，将其对应到线电压波形上，即为线电压在正半周的包络线。

从线电压波形看，由于共阴极组中处于通态的晶闸管对应的是最大（正得最多）的相电压，而共阳极组中处于通态的晶闸管对应的是最小（负得最多）的相电压，输出整流电压 u_d 为这两个相电压相减，是线电压中最大的一个，因此输出整流电压 u_d 波形为线电压在正半周期的包络线。

为了说明各晶闸管的工作情况，将波形中的一个周期等分为 6 段，每段为 60°，每一段中导通的晶闸管及输出整流电压的情况见表 6-4-1。注意，一个周期的分区是以触发角 α 为依据来划分的，也就是说，6 个区的划分起点随着触发角 α 的变化而变化。

表 6-4-1　　　　　　　　　三相桥式全控整流电路晶闸管的工作情况

时段	共阴极组导通的晶闸管	共阳极组导通的晶闸管	整流输出电压 u_d
Ⅰ	VT1	VT6	$u_u - u_v = u_{uv}$
Ⅱ	VT1	VT2	$u_u - u_w = u_{uw}$
Ⅲ	VT3	VT2	$u_v - u_w = u_{vw}$
Ⅳ	VT3	VT4	$u_v - u_u = u_{vu}$
Ⅴ	VT5	VT4	$u_w - u_u = u_{wu}$
Ⅵ	VT5	VT6	$u_w - u_v = u_{wv}$

从带电阻负载、触发角 $\alpha = 0°$ 的三相桥式全控整流电路的情况可以总结出以下一些特点：

（1）每个时刻均需 2 个晶闸管同时导通，形成向负载供电的回路，其中 1 个晶闸管是共阴极组的，1 个是共阳极组的，且不能为同一相的晶闸管。

（2）对触发脉冲的要求：6 个晶闸管的脉冲按 VT1 → VT2 → VT3 → VT4 → VT5 → VT6 的顺序，相位依次差 60°；共阴极组 VT1、VT3、VT5 的脉冲依次差 120°，共阳极组 VT4、VT6、VT2 也依次差 120°；同一相的上下两个桥臂，即 VT1 与 VT4、VT3 与 VT6、VT5 与 VT2，脉冲相差 180°。

（3）整流输出电压 u_d 一个周期脉动 6 次，每次脉动的波形都一样，故该电路为 6 脉波整流电路。

（4）在整流电路合闸启动过程中或电流断续时，为确保电路的正常工作，需保证同时导通的 2 个晶闸管均有触发脉冲。为此，可采用两种方法：一种是使脉冲宽度大于 60°（一般取 80°~100°），称为宽脉冲触发；另一种方法是，在触发某个晶闸管的同时，给前一序号的晶闸管补发脉冲，即用两个窄脉冲代替宽脉冲，两个窄脉冲的前沿相差 60°，脉宽一般为

20°～30°，称为双脉冲触发。宽脉冲触发电路虽可少输出一半脉冲，但为了不使脉冲变压器饱和，需将铁芯体积做得较大，绕组匝数较多，导致漏感增大，脉冲前沿不够陡，对晶闸管串联使用不利。双脉冲触发电路虽相对复杂，但要求的触发电路输出功率小。常用的是双脉冲触发。

二、阻感性负载

三相桥式全控整流电路大多用于向阻感性负载和反电动势阻感性负载供电（用于直流电动机传动），在此主要分析阻感性负载时的情况，对于带反电动势阻感性负载的情况，只需在阻感性负载的基础上掌握其特点，即可把握其工作情况。

当 $\alpha \leqslant 60°$ 时，u_d 波形连续，电路的工作情况与带电阻性负载时相似，各晶闸管的通断情况、输出整流电压波形、晶闸管承受的电压波形等都相同。区别在于负载不同时，同样的整流输出电压加到负载上，得到的负载电流波形不同，电阻性负载时 i_d 波形与 u_d 波形形状一样；而阻感性负载时，由于电感的作用，使得负载电流波形变得平直，当电感足够大时，负载电流的波形可近似为一条水平线。图 6-4-3 给出了三相桥式全控整流电路带阻感性负载 $\alpha = 0°$ 时的波形。

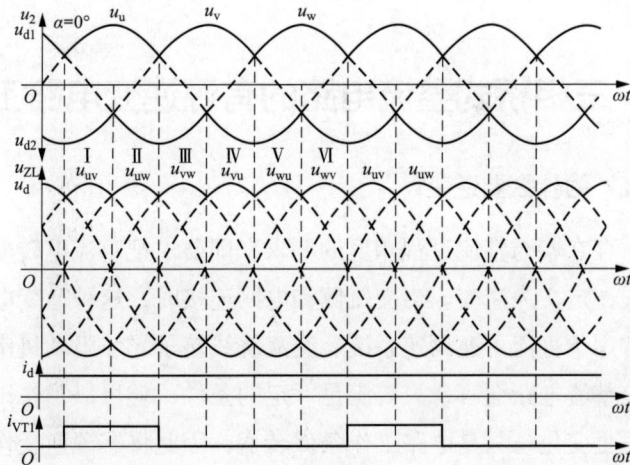

图 6-4-3 三相桥式全控整流电路波形（阻感性负载，$\alpha = 0°$）

当 $\alpha>60°$ 时，阻感性负载时的工作情况与电阻性负载时不同，电阻性负载时 u_d 波形不会出现负的部分，而阻感性负载时，由于电感的作用，u_d 波形会出现负的部分。图 6-4-4 给出 $\alpha = 90°$ 时三相桥式全控整流电路的波形。若电感值足够大，则 u_d 中正负面积将基本相等，u_d 平均值近似为零。这表明，带阻感性负载时，三相桥式全控整流电路的 α 角移相范围为 90°。

晶闸管承受的最大正反向电压均为变压器二次侧线电压的峰值 $\sqrt{6}U_2$。

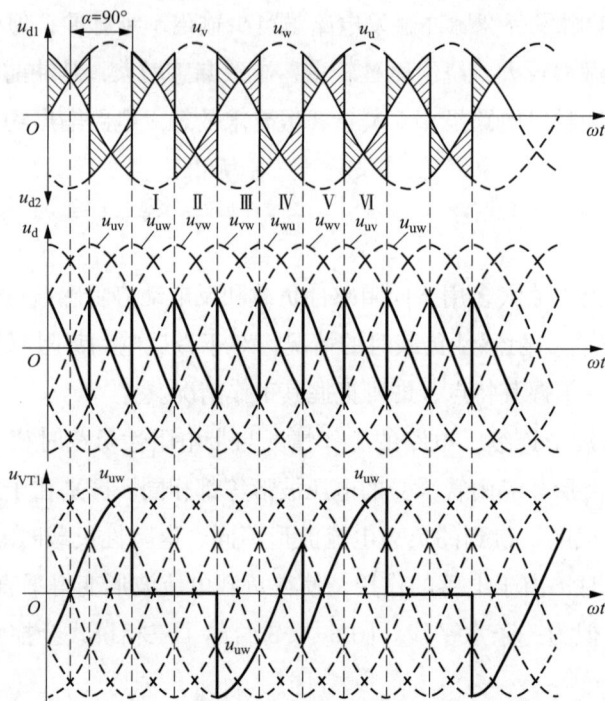

图 6-4-4　三相桥式全控整流电路的波形（阻感性负载，$\alpha = 90°$）

第五节　三相桥式整流电路的有源逆变电路工作状态

一、什么是逆变？为什么要逆变？

在生产实践中，存在着与整流过程相反的要求，即要求把直流电转变成交流电，这种对应于整流的逆向过程，定义为逆变。当交流侧和电网连接时，这种逆变电路称为有源逆变电路。有源逆变电路常用于直流可逆调速系统、交流绕线转子异步电动机串级调速及高压直流输电等方面。对可控整流电路而言，只要满足一定的条件，就可以工作于有源逆变状态。此时，电路形式并未发生变化，只是电路工作条件转变，因此将有源逆变作为整流电路的一种工作状态进行分析。为了叙述方便，下面将这种既工作在整流状态又工作在逆变状态的整流电路称为变流电路。

如果变流电路的交流侧不与电网连接，而直接接到负载，即把直流电逆变为某一频率或可调频率的交流电供给负载，称为无源逆变。

以下先从直流发电机-电动机系统入手，研究其间电能流转的关系，再转入变流器中分析交流和直流电之间电能的流转，以掌握实现有源逆变的条件。

二、直流发电机-电动机系统电能的流转

图 6-5-1 所示直流发电机-电动机系统中，M 为电动机，G 为发电机，励磁回路未画

出。控制发电机电动势的大小和极性，可实现电动机四象限的运转状态。

再看图 6-5-1（c），这时两电动势顺向串联，向电阻 R_Σ 供电，G 和 M 均输出功率，由于 R_Σ 一般都很小，实际上形成短路，在工作中必须严防这类事故发生。

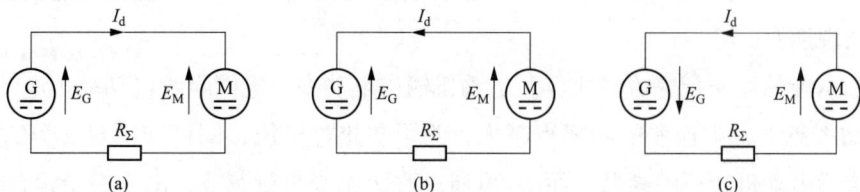

图 6-5-1　直流发电机－电动机系统电能的流转

（a）两电动势同极性 $E_G > E_M$；（b）两电动势同极性 $E_M > E_G$；（c）两电动势反极性形成短路

可见两个电动势同极性相接时，电流总是从电动势高的流向电动势低的，由于回路电阻很小，即使很小的电动势差值也能产生大的电流，使两个电动势之间交换很大的功率，这对分析有源逆变电路是十分有用的。

三、逆变产生的条件

以单相全波电路代替上述发电机，给电动机供电，分析此时电路内电能的流向。设电动机 M 作电动机运行，全波电路应工作在整流状态，α 的范围在 $0 \sim \pi/2$ 之间，直流侧输出 U_d 为正值，并且 $U_d > E_M$，如图 6-5-2（a）所示，才能输出 I_d。

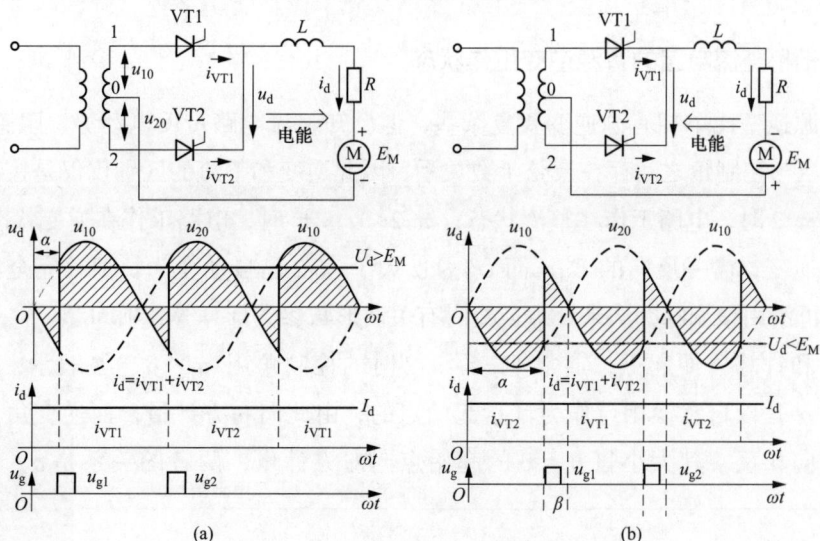

图 6-5-2　单相全波电路的整流和逆变

（a）整流；（b）逆变

一般情况下 R_Σ 值很小，因此电路经常工作在 $U_d \approx E_M$ 的条件下，交流电网输出电功率，电动机则输入电功率。

在图 6-5-2 中，电动机 M 作发电回馈制动运行，由于晶闸管器件的单向导电性，电路内 L 的方向依然不变，欲改变电能的输送方向，只能改变 E_M 的极性。为了防止两电动势顺向串联，U_d 的极性也必须反过来，即 U_d 应为负值，且 $|E_M| > |U_d|$，才能把电能从直流侧送到交流侧，实现逆变。

电路内电能的流向与整流时相反，电动机输出电功率，电网吸收电功率。电动机轴上输入的机械功率越大，则逆变的功率也越大，为了防止过电流，同样应满足 $E_M \approx U_d$ 条件，E_M 的大小取决于电动机转速的高低，而 U_d 可通过改变 α 来进行调节，由于逆变状态时 U_d 为负值，故 α 在逆变时的范围应在 $\pi/2 \sim \pi$ 之间。

在逆变工作状态下，虽然晶闸管的阳极电位大部分处于交流电压为负的半周期，但由于有外接直流电动势 E_M 的存在，使晶闸管仍能承受正向电压而导通。

从上述分析中，可归纳出产生逆变的条件有二：

1）要有直流电动势，其极性需和晶闸管的导通方向一致，其值应大于变流器直流侧的平均电压。

2）要求晶闸管的控制角 $\alpha > \pi/2$，使 U_d 为负值。

两者必须同时具备才能实现有源逆变。

必须指出，半控桥或有续流二极管的电路，因其整流电压 u_d 不能出现负值，也不允许直流侧出现负极性的电动势，故不能实现有源逆变。欲实现有源逆变，只能采用全控电路。

四、三相桥整流电路的有源逆变工作状态

三相有源逆变比单相有源逆变要复杂些，但已知整流电路带反电动势、阻感性负载时，整流输出电压与控制角之间存在余弦函数关系，因此逆变和整流的区别仅仅是控制角 α 的不同。$0 < \alpha < \pi/2$ 时，电路工作在整流状态；$\pi/2 < \alpha < \pi$ 时，电路工作在逆变状态。

为实现逆变，需一反向的 E_M，而 U_d 因 α 大于 $\pi/2$ 已自动变为负值，完全满足逆变的条件。因而可沿用整流的办法来处理逆变时有关波形与参数计算等各项问题。

为分析和计算方便起见，通常把 $\alpha > \pi/2$ 时的控制角用 $\pi - \alpha = \beta$ 表示，β 称为逆变角。控制角 α 是以自然换相点作为计量起始点的，由此向右方计量，而逆变角 β 和控制角 α 的计量方向相反，其大小自 $\beta = 0$ 的起始点向左方计量，两者的关系是 $\alpha + \beta = \pi$，或 $\beta = \pi - \alpha$。

三相桥式电路工作于有源逆变状态，不同逆变角时的输出电压波形及晶闸管两端电压波形如图 6-5-3 所示。

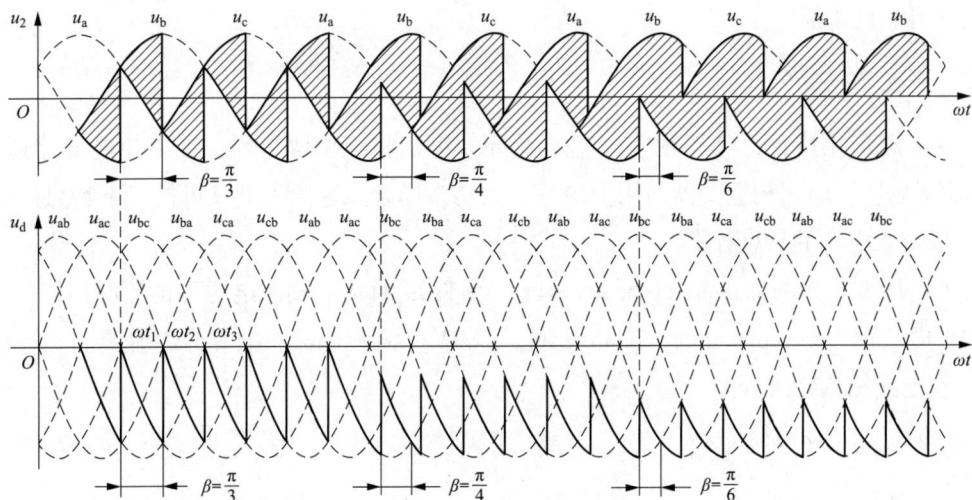

图 6-5-3　三相桥式电路工作于有源逆变状态的电压波形

第六节　三相电流型逆变电路

一、逆变电路的性能指标

逆变电路的性能指标在逆变电路中不仅要求输出基波功率大、谐波含量小、效率高、性能可靠，还要求逆变电路具有抗电磁干扰能力强和电磁兼容性好的特点。因此，在实际应用中，必须设计好可靠的逆变电路和选择适当的控制方式，以便满足上述要求。通常衡量逆变电路的性能指标如下。

1. 谐波系数（harmonic factor，HF）
谐波系数是指谐波分量有效值同基波分量有效值之比。

2. 总谐波系数（total harmonic distortion factor，THD）
总谐波系数表征了一个实际波形同其基波分量接近的程度。

3. 畸变系数（distortion factor，DF）
畸变系数表征了经二阶 LC 滤波后负载电压波形还存在畸变的程度。

4. 最低次谐波（lowest order harmonic，LOH）
最低次谐波是指与基波频率最接近的谐波。

5. 其他指标
对逆变装置来说，其性能指标除波形性能指标外，还包括下列内容：

（1）逆变效率。

（2）单位重量（或单位体积）输出功率：衡量逆变电路输出功率密度的指标。

（3）电磁干扰（electromagnetic interference，EMI）及电磁兼容性（electromagnetic compatibility，EMC）。

（4）可靠性指标。

二、逆变电路的分类

逆变电路应用广泛，类型很多，基本上分为单相和三相两大类，且单相逆变器适用于中、小功率场所；而三相逆变器适用于中等、大功率场合。这两大类又可按以下特点分类。

1. 按输入电源的特点分类

（1）电压型（voltage source type inverter，VSTI）：直流侧输入电源为恒压源。

（2）电流型（current source type inverter，CSTI）：直流侧输入电源为恒流源。

2. 按电路结构特点分类

（1）半桥式逆变电路。

（2）全桥式逆变电路。

（3）推挽式逆变电路。

（4）其他形式。例如单管逆变电路等。

3. 按输出波形特点分类

（1）正弦波。

（2）方波及其他非正弦波。

4. 按负载特点分类

（1）非谐振式逆变电路。

（2）谐振式逆变电路。

三、DC/AC 变换的工作原理

以单相桥式无源逆变电路为例来分析其最基本的工作原理，如图 6-6-1（a）所示，用开关符号 S1、S2、S3、S4 表示 4 个电力电子开关器件及其辅助电路。当开关 S1、S4 闭合，S2、S3 断开时，负载电压 U_0 为正；当开关 S1、S4 断开，S2、S3 闭合时，负载电压 U_0 为负，其电压波形如图 6-6-1（b）所示。这样，就把直流电变成了交流电。改变两组开关的切换频率，即可改变输出交流电的频率，这就是最基本的逆变电路工作原理。

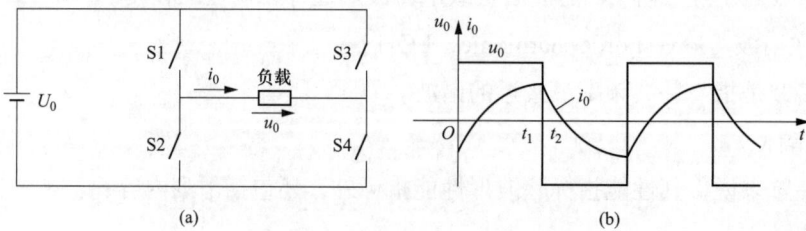

图 6-6-1　单相桥式无源逆变电路及电压与电流波形

（a）电路；（b）负载的电压与电流波形图

当负载为电阻时，负载电流 i_0 和电压 U_0 的波形形状相同，相位也相同。若负载为阻感时，i_0 要滞后 U_0，两者波形的形状不同，图 6-6-1（b）画出的就是电阻串联电感性负载时的波形。设 t_1 时刻以前 S1、S4 导通，U_0 和 i_0 均为正。在 t_1 时刻，断开 S1、S4，同时合上 S2、S3，则 U_0 的极性立刻变为负。但是，由于负载中有电感的存在，流过其电流不能立刻改变而维持原方向。这时负载电流从直流电流负极流出，经 S2、负载和 S3 流回正极，负载电感中存储的能量向直流电源反馈，负载电流逐渐减小，到 t_2 时刻降为零。之后 t_0 反向并逐渐增大。S2、S3 断开，S1、S4 闭合时的情况类似。以上是 S1～S4 均为理想开关时的分析，实际电路的工作过程要复杂一些。

四、电压型三相桥式逆变电路

电压型三相全桥式逆变电路如图 6-6-2 所示，电路由 3 个半桥电路组成。电路中的电容器画成两个，并有一个假想的中性点 N′，在实际中可用一个。与单相半桥、全桥逆变电路相同，电压型三相桥式逆变电路的基本工作方式也是 π 弧度导电方式，即每个桥臂的导电弧度为 π 同一相（即同一半桥）上下两个桥臂交替通、断，各相开始导电的弧度依次相差 $2\pi/3$。在任一瞬间，将有 3 个桥臂同时导通，可能是上面一个桥臂下面两个桥臂；也可能是上面两个桥臂下面一个桥臂，在逆变器输出端形成 U、V、W 三相电压。由于每次换流都是在同一相上下两个桥臂之间进行的，因此也被称为纵向换流。注意：为了防止同一相上下桥臂同时导通造成直流侧电源短路，在换流时，必须采取"先断后通"的方法，即引入"死区时间"保证同一相的上下两个桥臂安全换流。"死区时间"指同一相上下两个功率开关管均关断的时间，死区时间的取值取决于功率器件的开关频率、开通延时时间、关断延时时间和逆变桥的功率大小等。

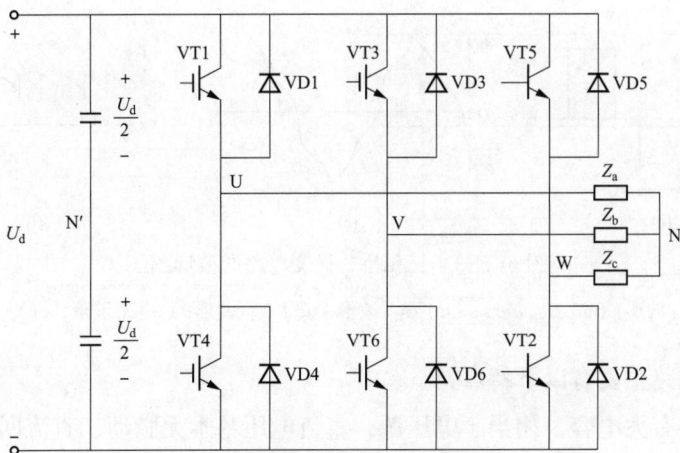

图 6-6-2　电压型三相全桥式逆变电路

图 6-6-2 中，负载为星形连接。在 $0 < \omega t \leqslant \pi/3$ 时刻，VT1、VT5 和 VT6 导通，负载电流经 VT1 和 VT5 被送到 U 相和 W 相绕组，经 V 相负载和 VT6 流回电源；在 $\omega t = \pi/3$

时刻，VT5 的触发脉冲下降到零，VT5 迅速关断，由于感性负载电流不能立即改变方向，W 相电流经 VD2 导通续流，其他两相电流通路不变。当 VD2 中续流结束时（续流时间取决于负载电感和电阻大小），W 相电流反向经 VT2 流回电源。此时，负载电流由电源经 VT1 和 U 相负载，分别流到 V 相和 W 相负载，分别经 VT6 和 VT2 流回电源；在 $\omega t = 2\pi/3$ 时刻，VT6 的触发脉冲下降到零，VT6 关断，V 相电流由 VD3 续流。当续流结束时，VD3 截止，VT3 导通。负载电流由电源经 VT1、VT3、U 相和 V 相负载，然后汇流到 W 相。在一个周期内，功率开关管的切换顺序为：1、5、6-2、1、6-3、2、1-4、3、2-5、4、3-6、5、4，各功率管的工作情况与上述分析相同。

假设负载为阻性负载且三相负载对称，图 6-6-3 为三相桥式逆变电路的波形图。在 $0 < \omega t \leqslant \pi/3$ 期间，VT1、VT5 和 VT6 导通，由此可得 U 相和 W 相负载上电压为 $U_d/3$，V 相负载电压为 $2U_d/3$；同理，在 $\pi/3 \leqslant \omega t \leqslant 2\pi/3$ 期间，U 相负载上电压为 $2U_d/3$，V 相和 W 相负载上电压为 $U_d/3$；在 $2\pi/3 < \omega t \leqslant \pi$ 期间，U 相和 V 相负载电压为 $U_d/3$，W 相负载上电压为 $2U_d/3$。U、V、W 相电压波形如图 6-6-3（a）、（b）、（c）所示，相位依次相差 $2\pi/3$。线电压 U_{UV} 波形如图 6-6-3（d）所示，线电压 U_{VW} 和 U_{WU} 的波形与 U_{UV} 波形相似，只是相位依次相差。图 6-6-3（e）和图 6-6-3（f）分别是 U 相电流和直流母线电流的波形。

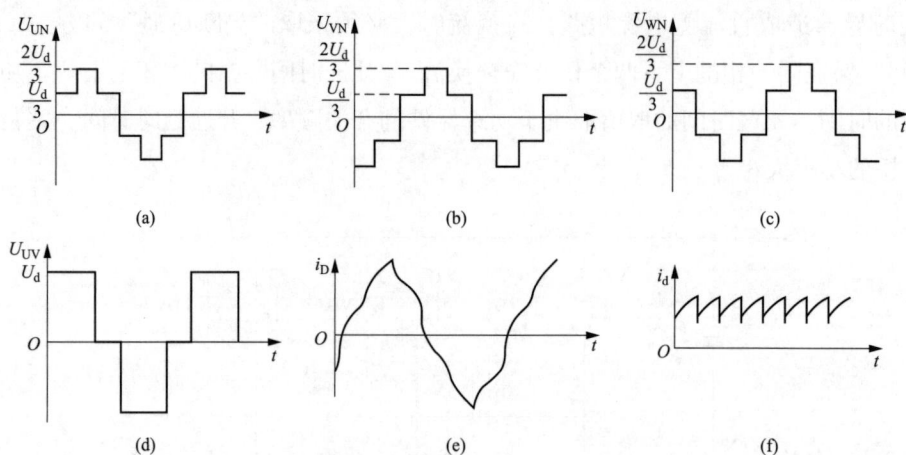

图 6-6-3 三相桥式逆变电路的波形图

（a）U_{UN} 波形；（b）U_{VN} 波形；（c）U_{WN} 波形；（d）U_{UV} 波形；（e）i_D 波形；（f）i_d 波形

电压型逆变电路主要有以下特点：

（1）直流侧接有大电容，相当于电压源，直流电压基本无脉动，直流回路呈现低阻抗。

（2）由于直流电压源的钳位作用，交流侧电压波形为矩形波，与负载阻抗角无关，而交流侧电流波形和相位因负载阻抗角的不同而不同，其波形接近三角波或正弦波。

（3）当交流侧为电感性负载时需提供无功功率，直流侧电容起缓冲无功能量的作用。为了给交流侧向直流侧反馈能量提供通道，各臂都并联了续流二极管。

（4）逆变电路从直流侧向交流侧传送的功率是脉动的。因直流电压无脉动，故传输功率的脉动是由直流电流的脉动来体现的。

（5）当用于交—直—交变频器中且负载为电动机时，若电动机工作于再生制动状态，就必须向直流侧反馈能量。因直流侧电压方向不能改变，所以只能通过改变直流电流的方向来实现，这就需要交—直整流桥能够回馈能量或在直流侧增加能耗制动单元，以保证直流侧电容上的电压基本恒定。

随着全控功率开关器件的发展，电压型逆变桥的工作模式虽也多采用 π 弧度导电方式，但都采用了 PWM（脉冲宽度调制），从而减少了逆变器输出电压波形的高次谐波。

思 考 题

1. 晶闸管导通的条件是什么？怎样使晶闸管由导通变为关断？
2. 三相桥式全控整流电路的工作原理是什么？
3. 列举常见的电感性负载，并说明电感性负载的特点。
4. 单相半波可控整流电路是如何带动大电感负载正常工作的？
5. 单相桥式半控整流电路为何会出现失控现象，并说明失控过程。
6. 单相桥式全控整流电路的优缺点有哪些？
7. 单相桥式全控整流电路在反电动势负载主回路串联平波电抗器的作用是什么？
8. 什么是有源逆变电路？产生有源逆变的条件是什么？

第七章　电力系统继电保护

本章概述

电力系统发生故障是不可避免的，伴随着故障发生，相关电气特征量会发生变化，例如短路故障会导致电流增大、电压降低。为避免电力系统设备损坏，最早采用熔断器串联于供电线路中，由于电力系统的发展，用电设备的功率、发电机的容量增大，电网的接线日益复杂，熔断器已不能满足选择性和快速性的要求，随着材料、器件、制造技术等相关学科的发展，电力系统有了一种新型的保护装置，即继电保护装置。

电力系统继电保护泛指继电保护技术和由各种继电保护装置组成的继电保护系统，包括继电保护的原理设计、配置、整定、调试等技术，也包括由获取电量信息的电压、电流互感器二次回路，经过继电保护装置到断路器跳闸线圈的一整套具体设备，如果需要利用通信手段传送信息，还包括通信设备。

本章围绕电力系统继电保护的保护基本原理进行讲解，由于继电保护的工作牵涉到每个电气主设备和二次辅助设备，这就要求继电保护工作者对所有这些设备的工作原理、性能、参数计算和故障状态的分析等有深刻的理解，还要有广泛的生产运行知识。电力系统继电保护是一门理论性、技术性、实践性很强的专业课程。

本章包含继电保护的基本要求、线路保护、变压器保护、发电机保护等四部分内容。

学习目标

学习目标	
知识目标	1. 能知道继电保护"四性"的要求内涵。 2. 能知道线路保护的基本内容。 3. 能知道重合闸的基本概念。 4. 能简述变压器的故障类型。 5. 能知道变压器保护的基本内容。 6. 能简述发电机的故障类型。 7. 能知道运行工况特点对保护的影响。 8. 能知道发电机保护的基本内容。
技能目标	—

第一节　继电保护的基本要求

一、继电保护的作用

电力系统在运行中，可能出现各种故障和不正常运行状态，最常见同时也是最危险的故障是发生各种形式的短路。在发生短路时可能产生以下后果：

（1）通过故障点的很大的短路电流和所燃起的电弧，使故障元件损坏。

（2）短路电流通过非故障元件，由于发热和电动力的作用，引起它们的损坏或缩短它们的使用寿命。

（3）电力系统中部分地区的电压大大降低，破坏用户工作的稳定性或影响产品质量。

（4）破坏电力系统并列运行的稳定性，引起系统振荡，甚至使整个系统瓦解。

电力系统中电气元件的正常工作遭到破坏，但没有发生故障，这种情况属于不正常运行状态。例如，因负荷超过电气设备的额定值而引起的电流升高（一般又称过负荷）就是一种最常见的不正常运行状态。由于过负荷，元件载流部分和绝缘材料的温度不断升高，加速绝缘的老化和损坏，就可能发展成故障。此外，系统中出现功率缺额而引起的频率降低、发电机突然甩负荷而产生的过电压，以及电力系统发生振荡等，都属于不正常运行状态。

故障和不正常运行状态，都可能在电力系统中引起事故。事故，就是指系统或其中一部分的正常工作遭到破坏，并造成对用户少送电或电能质量变坏到不能容许的地步，甚至造成人身伤亡和电气设备的损坏。

在电力系统中，除应采取各项积极措施消除或减少发生故障的可能性以外，故障一旦发生，必须迅速而有选择性地切除故障元件，这是保证电力系统安全运行的最有效方法之一。切除故障的时间常常要求小到十分之几甚至百分之几秒，实践证明只有在每个电气元件上装设自动装置才有可能满足这个要求。

所谓继电保护装置，就是指能反应电力系统中电气元件发生故障或不正常运行状态，并动作于断路器跳闸或发出信号的一种自动装置。它的基本任务是：

（1）自动、迅速、有选择性地将故障元件从电力系统中切除，使故障元件免于继续遭到破坏，保证其他无故障部分迅速恢复正常运行。

（2）反应电气元件的不正常运行状态，并根据运行维护的条件（例如有无经常值班人员），而动作于发出信号、减负荷或跳闸。此时一般不要求保护迅速动作，而是根据对电力系统及其元件的危害程度规定一定的延时，以免不必要的动作和由于干扰而引起的误动作。

常规的继电保护装置是由单个继电器或继电器与其附属设备的组合构成的，而微机保护装置是由计算机取代单个的继电器，它的特性主要由程序决定。微机保护装置的出现很好地解决了常规继电保护装置难以解决的诸多难题。目前微机保护在电力系统中的普遍应用，极大地提高了电力系统的安全性，并保证了供电的可靠性。

在电力系统中，常用"继电保护"一词泛指继电保护技术或由各种继电保护装置组成的系统。

二、继电保护的基本原理

利用正常运行与区内外短路故障电气参数变化的特征构成保护的判据，根据不同的判据就构成不同原理的继电保护。在一般情况下，发生短路之后总是伴随有电流的增大、电压的降低、线路始端测量阻抗的减小，以及电压与电流之间相位角的变化。因此，利用正常运行与故障时这些基本参数的区别，便可以构成各种不同原理的继电保护，例如：

（1）反应电流增大而动作的过电流保护；

（2）反应电压降低而动作的低电压保护；

（3）反应短路点到保护安装地点之间的距离（或测量阻抗的减小）而动作的距离保护（或低阻抗保护）等。

在双电源线路中利用每个电气元件在内部故障与外部故障（包括正常运行情况）时，两侧电流相位或功率方向的差别，就可以构成各种差动原理的保护，如纵联差动保护、方向高频保护等。差动原理的保护只能在被保护元件的内部故障时动作，而不反应外部故障，因而被认为具有绝对的选择性。

在按照上述原理构成各种继电保护装置时，可以使它们的参数反应各相中的电流和电压（如相电流、相或线电压），也可以使之仅反应其中的某一个对称分量（如负序、零序或正序）的电流和电压。由于在正常运行情况下，负序和零序分量不会出现，而在发生不对称接地短路时，它们都具有较大的数值；在发生不接地的不对称短路时，虽然没有零序分量，但负序分量却很大。因此，利用这些分量构成的保护装置，一般都具有良好的选择性和灵敏性，这正是这种保护装置获得广泛应用的原因。

除上述反应于各种电气量的保护以外，还有根据电气设备的特点实现反应于非电量的保护。例如，当变压器油箱内部的绕组短路时，反应油被分解所产生的气体而构成的瓦斯保护；反应于电动机绕组的温度升高而构成的过负荷或过热保护等。

以上各种原理的保护，可以由继电保护装置来实现。

三、对继电保护的基本要求

动作于跳闸的继电保护，在技术上一般应满足四个基本要求，即可靠性、选择性、速动性和灵敏性。

（一）可靠性

保护装置的可靠性是指在该保护装置规定的保护范围内发生了它应该动作的故障时，它不应该拒绝动作，而在任何其他该保护不应动作的情况下，则不应误动作。可靠性主要是针对保护装置本身的质量和运行维护水平而言的。一般说来，保护装置组成元件的质量越高、接线越简单、回路中继电器的触点数量越少，保护装置的工作就越可靠。同时，精细的制造工艺、正确的调整试验、良好的运行维护及丰富的运行经验，对于提高保护的可靠性也具有重要的作用。继电保护装置的误动作和拒绝动作都会给电力系统造成严重的危害。

为了便于分析继电保护装置的可靠性，在有些文献中将继电保护不误动的可靠性称为"安全性"，而将其不拒动和不会非选择性动作的可靠性称为"可信赖性"，意指保护装置的动作行为完全依附于电力系统的故障情况。安全性和可信赖性基本上都属于可靠性的范畴，因此仍沿用我国传统的四个基本要求（或称"四性"）的提法。

（二）选择性

继电保护的选择性是指保护装置动作时，仅将故障元件从电力系统中切除，使停电的范围尽量小，以保证系统中的无故障部分仍能继续工作。

在要求继电保护动作有选择性的同时，还必须考虑继电保护或断路器有拒绝动作的可能性，因而就需要考虑后备保护的问题。

一般情况下远后备保护动作切除故障时将使供电中断的范围扩大。

在复杂的高压电网中，当实现远后备保护在技术上有困难时，也可以采用近后备保护的方式。即当本元件的主保护拒绝动作时，由本元件的另一套保护作为后备保护。为此，在每一元件上应装设单独的主保护和后备保护，并装设必要的断路器失灵保护。由于这种后备作用是在主保护安装处实现，因此，称它为近后备保护。

应当指出，远后备的性能是比较完善的，它对相邻元件的保护装置、断路器、二次回路和直流电源所引起的拒绝动作，均能起到后备作用，同时实现起来简单、经济，因此，在电压较低的线路上应优先采用。只有当远后备不能满足灵敏度和速动性的要求时，才考虑采用近后备的方式。根据以上分析在继电保护的配置上有以下几个基本概念：

（1）主保护：尽可能快速（符合要求）地切除被保护元件内部故障的保护。

（2）后备保护：当被保护元件主保护（或断路器）拒动时利用其他切除相应断路器的保护。后备保护分近后备和远后备。

（3）辅助保护：为补充主保护和后备保护某种性能的不足（如方向元件的电压死区）或加速切除某部分故障而装设的简单保护，如电流速断保护。

（三）速动性

快速地切除故障可以提高电力系统并联运行的稳定性，减少用户在电压降低的情况下工作的时间，以及缩小故障元件的损坏程度。因此，在发生故障时，应力求保护装置能迅速动作，切除故障。

动作迅速而同时又能满足选择性要求的保护装置，一般结构较复杂，价格较昂贵。在一些情况下，电力系统允许保护装置带有一定的延时切除故障。因此，对继电保护速动性的具体要求，应根据电力系统的接线及被保护元件的具体情况来确定。下面列举一些必须快速切除的故障：

（1）根据维持系统稳定的要求，必须快速切除的高压输电线路上发生的故障；

（2）使发电厂或重要用户的母线电压低于允许值（一般为 0.7 倍额定电压）的故障；

（3）大容量的发电机、变压器及电动机内部发生的故障；

（4）1～10kV 线路导线截面过小，为避免过热不允许延时切除的故障等；

（5）可能危及人身安全，对通信系统或铁道信号系统有强烈干扰的故障等。

故障切除的总时间等于保护装置和断路器动作时间之和。一般快速保护的动作时间为 0.04～0.08s，最快可达 0.01～0.02s；一般断路器的动作时间为 0.06～0.15s，最快可达 0.02～0.06s。

（四）灵敏性

继电保护的灵敏性，是指对于其保护范围内发生故障或不正常运行状态的反应能力。满足灵敏性要求的保护装置应该是在事先规定的保护范围内部故障时，不论短路点的位置、短路的类型如何，以及短路点是否有过渡电阻，都能敏锐感觉，正确反应。保护装置的灵敏性通常用灵敏系数来衡量，它主要决定于被保护元件和电力系统的参数和运行方式。

以上四个基本要求是分析研究继电保护性能的基础，也是贯穿全课程的一条基本线索。它们之间既有矛盾的一面，又有在一定条件下统一的一面。当统一的条件不满足时必然催生一个继电保护的新原理来满足"四性"的要求。从而继电保护的科学研究、设计、制造和运行的绝大部分工作都是围绕着如何处理好这四个基本要求之间的辩证统一关系而进行的，在学习这门课程时应注意学习和运用这样的思考和分析方法。

选择继电保护方式除应满足上述的基本要求外，还应该考虑经济条件。首先应从国民经济的整体利益出发，按被保护元件在电力系统中的作用和地位来确定保护方式，而不能只从保护装置本身的投资来考虑，这是因为保护不完善或不可靠而给国民经济造成的损失一般都远远超过最复杂的保护装置的投资。但要注意对较为次要的数量很多的电气元件（如低压配电线、小容量电动机等）也不应该装设过于复杂和昂贵的保护装置。

第二节　线　路　保　护

一、线路保护

输电线路是传送电能、联系系统和用户的重要元件，在电力系统各部分设备中，其运行环境较为恶劣，发生事故的概率比其他设备更高，经常发生瞬时性故障。输电线路覆盖区域广阔、运行情况复杂，当遭受雷击或遇暴雨等恶劣天气时，可能造成线路故障。除雷击等自然原因外，外力破坏也严重威胁着输电线路的安全运行。例如，违章施工作业、违章建筑、超高树木等。另外，人为因素也是导致输电线路故障的重要原因，工作人员手动操作控制电网部分线路时，可能会发生因为误判而导致的错误操作，从而引起线路跳闸。

1. 纵联保护

输电线的纵联保护，就是用某种通信通道（简称通道）将输电线两端或各端（对于多端线路）的保护装置纵向连接起来，将各端的电气量（电流、功率的方向等）传送到对端，将各端的电气量进行比较，以判断故障是在本线路范围内还是在线路范围之外，从而决定是否切断被保护线路。因此，理论上这种纵联保护具有绝对的选择性。输电线的纵联保护随着所采用的通道、信号功能及其传输方式的不同，装置的原理、结构、性能和适用范围等方面都有很大的差别。因此纵联保护有很多不同的类型。目前，最常见的纵联保护是线路纵联差动保护。

输出线路的纵联差动保护是反应输出线路各对外端口流入的电流之和的一种保护，具有最佳的保护选择性。纵联差动保护反应开关站出线的相间短路故障和接地故障，在出线的本侧和对侧分别装设相电流纵联差动保护和零序电流纵联差动保护作为开关站出线的主保护，保护瞬时动作于断开出线侧断路器。

2. 距离保护

距离保护是反应输电线路一端电气量变化的保护。将输电线路一端的电压、电流加到阻抗继电器中，阻抗继电器反映的是它们的比值，称为测量阻抗。阻抗继电器的测量阻抗反映了短路点的远近，也就反映了短路点到保护安装处的距离，所以把以阻抗继电器为核心构成的反应输电线路一端电气变化量的保护称作距离保护。当短路点距保护安装处近时，其测量阻抗小，动作时间短；当短路点距保护安装处远时，其测量阻抗大，动作时间长，从而保证了保护有选择性地切除故障线路。

在短路以后，母线电压下降，而流经保护安装地点的电流增大，这样短路阻抗比正常时测到的负载阻抗大大降低，所以距离保护反应的信息量在故障前后的变化比电流变化量大，因而比反应单一物理量的电流保护灵敏度高。

距离保护的动作时间与保护安装处到故障点之间的距离的关系称为距离保护的时限特性。目前获得广泛应用的是阶梯形时限特性。一般是三阶梯式，即有与三个动作范围对应的动作时限。距离保护Ⅰ段只保护本线路的一部分；距离保护Ⅱ段可靠保护本线路全长，它的保护范围延伸到相邻线路；距离保护Ⅲ段作为本线路Ⅰ、Ⅱ段保护的后备，在本线路末端短路时要有足够的灵敏度。

3. 零序过电流保护

输电线路的零序电流保护是反应输电线路一端零序电流的保护。正常运行时无零序电流，但在中性点直接接地系统中发生接地短路时，将产生很大的零序电流分量，开关站应装设零序过电流保护作为开关站出线的接地后备保护，保护带延时动作于断开出线侧断路器。

一般设置三段或四段式零序电流保护，零序电流Ⅰ段只保护本线路的一部分，按躲过本线路末端接地时流过本保护的最大零序电流整定；零序电流Ⅱ段能以较短的延时尽可能地切除本线路范围内的故障；零序电流Ⅲ段应可靠保护本线路的全长，在本线路末端金属性接地短路时要有一定的灵敏度。可设置零序电流 IN 段，作为Ⅰ、Ⅱ、Ⅲ段保护的后备，保护本线路的高阻接地短路。

4. 自动重合闸

在电力系统的故障中，大多数的故障是送电线路（特别是架空线路）的故障。运行经验表明，架空线路故障大都是"瞬时性"的，例如，由雷电引起的绝缘子表面闪络，大风引起的碰线，鸟类以及树枝等物掉落在导线上引起的短路等，在线路被继电保护迅速断开以后，电弧即行熄灭，对这类瞬时性故障，如果把断开的线路断路器再合上，就能够恢复正常的供电。此外，还有少量的"永久性故障"，如线路倒杆、断线、绝缘子击穿等引起的故障，在线路被断开以后，它们仍然是存在的。这时，即使再合上电源，由于故障依然存在，线路还要被继电保护再次断开，因而就不能恢复正常的供电。

由于送电线路上的故障具有以上的性质，因此在电力系统中广泛采用了当断路器跳闸以后，能够自动地将断路器重新合闸的自动重合闸装置。

自动重合闸装置是将因故障跳开后的断路器按需要自动投入的一种自动装置。

对瞬时性故障，重合闸以后可能成功；对永久性故障，重合闸不可能成功。用重合成功的次数与总动作次数之比来表示自动重合闸的成功率，成功率一般在 70%～90% 之间。对自动重合闸装置工作正确性的指标是正确动作率，即正确动作次数与总动作次数之比。这是衡量自动重合闸运行的两个不同的指标。

自动重合闸的主要作用如下：

（1）可以提高电力系统运行的完整性、供电的可靠性，减少线路停电次数及停电时间，特别是对单侧电源的单回线路尤为显著；

（2）可以提高电力系统并列运行的稳定性，提高输电线路的传输容量；

（3）可以纠正断路器本身机构不良或继电保护误动作等原因引起的误跳闸。

另一方面采用重合闸以后，当重合于永久性故障上时，它也将带来一些不利的影响，如：

（1）会使电力系统再一次受到故障的冲击，对电力设备安全及系统并列运行的稳定性都不利；

（2）使断路器的工作条件变得更加恶劣，因为它要在很短的时间内，连续切断两次短路电流。

由于线路故障大多数是瞬时性故障，同时重合闸装置本身的投资很低，工作可靠，因此，在输配电线路中获得了广泛的应用。

二、母线保护

对于单母线接线或双母线接线方式，母线为电能供应的枢纽，母线故障时电压降低，影响全系统的供电质量和系统稳定运行，必须快速切除。否则，系统电压长时间降低，不能保证安全连续供电，甚至造成系统稳定的破坏。母线短路时的短路电流非常大，延时切除将造成母线结构和设备的严重损坏，检修设备和停电倒母线造成的损失非常大。针对单母线接线、单母线分段接线或双母线接线形式，应配置专门的母线保护。

1. 母线差动保护

母线差动保护由分相式比率差动元件构成，单母线接线的母线差动保护仅需针对本母线设置一套差动保护即可，接入所有的机组或线路支路电流。而对于单母线分段接线或双母线接线方式，差动回路包括母线大差回路和各段／条母线小差回路。母线大差是指除母联／分段断路器外所有支路电流所构成的差动回路。某段母线的小差是指该段母线上所连接的所有支路（包括母联和分段断路器）电流所构成的差动回路，作为选择跳闸元件，只反应本母线的内部故障。母线大差比率差动用于判别母线区内和区外故障，小差比率差动用于故障母线的选择。

2. 母联保护

对于单母线分段接线或双母线接线方式，应针对母联或分段断路器装设充电保护、过电流保护和失灵保护功能，双母线接线方式的母联断路器还需配置母联死区保护功能。

（1）母联（分段）断路器充电保护。当任一组母线检修后再投入之前，利用母联（分段）断路器对该母线进行充电试验时可投入母联（分段）断路器充电保护，当被试验母线存在故障时，利用充电保护切除故障。对母线充电时，母线差动保护一般退出运行，原因是新投运或大修后的线路或母线，本身存在一定的电容和对地电容，在合上母联断路器或一侧断路器后，会产生冲击电流，若此时投入母线差动保护，则合上的断路器中有电流流入母线，而本该流出电流的断路器却因分闸而无电流，可能造成差动保护误动，致使充电失败，因此在充电过程中，充电保护是作为母线的主保护而存在的。而且，充电保护的定值较小、时限较低，一方面是因为冲击电流本身并不大，另一方面是为了更加灵敏地保护被充电母线，一旦有绝缘不良等方面的故障，能够快速断开电源，保护设备。

当母联（分段）断路器由分到合，且母联（分段）电流互感器由无电流变为有电流或两母线变为均有电压状态时，则短时间内开放充电保护。在充电保护开放期间，若母联（分段）断路器电流大于充电保护整定电流，则经整定延时将母联断路器跳开。

（2）母联（分段）断路器过电流保护。当母联（分段）断路器电流任一相大于过电流整定值，或零序电流大于零序过电流整定值时，经整定延时跳母联（分段）断路器。

（3）母联（分段）断路器失灵保护。当保护向母联（分段）断路器发跳令后，若经整定延时后母联（分段）断路器电流仍然大于失灵电流定值时，失灵保护经各母线电压闭锁分别跳相应的母线。通常情况下，母线差动保护和母联（分段）断路器充电保护均可以启动母联失灵保护。

（4）母联死区保护。若母联断路器和母联电流互感器之间发生故障，则断路器侧母线跳开后故障仍然存在，正好处于电流互感器侧母线小差的死区，为提高保护动作速度，专设了母联死区保护。母联死区保护在差动保护发母联跳令后，母联断路器已跳开而母联电流互感器仍有电流，且母线大差比率差动元件不返回的情况下，经死区动作延时将母联电流退出小差。

三、短引线保护

对于输出线路装设隔离开关的角形或 3/2 接线的抽水蓄能电站，当两个断路器之间的输出线路检修或退出运行时（该线路的保护也已退出运行），为保证供电的可靠性，需要恢复环网运行。短引线保护即为这一特定运行方式下用于保护两个断路器之间连接短引线的保护。它动作于两侧断路器跳闸，并闭锁其重合闸。本保护在正常运行时不投入，仅在线路停电而断路器运行的特定运行方式下投入。

四、断路器保护

断路器保护功能包括三相不一致保护、充电保护、死区保护和失灵保护等，对于不同主接线方式和不同一次元件的断路器，根据需要投入相应保护功能。

1. 三相不一致保护

分相操作的断路器，由于各种原因，当系统处于三相不一致运行状态时，系统中出现的负序、零序分量会对一次设备特别是非电阻性的电气设备产生非常大的影响，二次设备可能发生越级误跳闸，对系统安全及稳定性影响严重，因此在实际运用中需合理设计并配置断路器本体三相不一致保护。

在高压电力系统中，三相不一致保护一般都放入断路器本体中实现，国网十八项反事故措施要求，220kV 及以上电压等级的断路器均应配置断路器本体三相不一致保护。

断路器本体的三相不一致保护无法启动失灵，且部分早期工程断路器未装设本体三相不一致保护，一般在断路器保护设备中配置独立的三相不一致保护功能，常采用本体三相不一致触点作为保护启动回路，叠加零序电流与负序电流的判别，以提高保护可靠性。

断路器本体的三相不一致触点常见的构成方法是，将 A、B、C 三相的动合、动断触点分别并联后再串联。三相不一致保护动作后，经短延时跳开三相断路器，经较长延时启动断路器失灵保护。

2. 线路充电保护

断路器对线路或变压器充电而合于故障元件上时，由充电保护作为此种情况下的保护。当充电电流的任一相大于充电过电流保护定值时，经延时动作于跳开被充电设备。充电保护仅在线路充电操作中投入，由硬压板完成保护功能的投退。

3. 死区保护

某些接线方式下（如断路器在电流互感器与线路之间）电流互感器与断路器之间发生故障时，虽然故障线路保护能快速动作，但在本断路器跳开后，故障并不能切除，此时需要失灵保护动作跳开有关断路器。考虑到这种站内故障，故障电流大，对系统影响较大，而失灵保护动作一般要经较长的延时，因此专门设置能够更快动作的死区保护。

死区保护的动作判据为：当装置收到三相跳闸信号，例如线路三跳、机组三跳，或 A、B、C 三个分相跳闸同时动作时，如果对应的断路器已跳开，但是死区过电流元件仍然满足，则经整定延时启动死区保护，动作后跳开相邻断路器。

4. 断路器失灵保护

当输电线路、变压器、母线或者其他主设备发生短路时，保护装置动作并发出跳闸指令，但故障设备的断路器仍拒绝动作跳闸，称为断路器失灵。断路器失灵的原因主要有：断路器跳闸线圈断线、断路器操动机构发生故障、液压式断路器的液压低、直流电源消失及控制回路故障等。

利用故障设备的保护动作信息与拒动断路器的电流信息构成对断路器失灵的判别，能够以较短的时限切除相邻断路器，使停电范围限制在最小，从而保证整个电网的稳定运行，避免造成发电机、变压器等故障元件的严重烧损。失灵保护的动作出口方式为：① 瞬跳故障相；② 延时三跳故障断路器；③ 延时跳相邻断路器。

断路器失灵保护按照如下两种情况来考虑，即分相跳闸启动失灵、保护三跳启动失灵。另外，充电保护、不一致保护、两相联跳三相保护动作时也启动失灵保护。

分相跳闸启动失灵：线路保护的某相跳闸触点闭合，而该相仍然有电流，且失灵保护零序电流判据或负序电流判据满足，先经"失灵三跳本断路器时间"延时发三相跳闸命令跳本断路器，再经"失灵跳相邻断路器时间"延时发跳相邻断路器命令。

保护三跳启动失灵：由保护三跳启动的失灵保护可分别经低功率因数、负序过电流、零序过电流、相过电流四个辅助判据开放。其中低功率因数辅助判据可通过控制字"三跳经低功率因数"投退。输出的动作逻辑先经"失灵三跳本断路器时间"延时发三相跳闸命令跳本断路器，再经"失灵跳相邻断路器时间"延时发跳相邻断路器命令。

五、高压电缆保护

一般情况下，抽水蓄能电站的主变压器位于地下厂房，主变压器高压侧与开关站之间通过长电缆相连，针对这段电缆的保护称为高压电缆保护，其保护范围为主变压器高压侧至开关站断路器之间的一次设备部分，一般配置多侧差动保护。

对于单母线或单母线分段接线，保护为三侧差动，其中两侧为两台扩大单元接线的主变压器高压侧，另一侧为开关站断路器侧。对于桥形接线或角形接线的抽水蓄能电站，主变压器与开关站之间的连接电缆在开关站与两侧断路器相连接，因此保护为四侧差动。

由于地上开关站与地下厂房之间距离较远，常规电流互感器二次回路不能过长，高压电缆保护常采用光纤差动保护设备。地上和地下分别布置一套光纤差动保护装置，地上装置接入开关站侧电流互感器电流，地下装置接入主变压器高压侧电流互感器电流，通过光纤向对侧发送本侧电流信息和远跳指令，实现对本段高压电缆的快速保护。

第三节　变压器保护

主变压器是连接抽水蓄能机组与电网的关键电气设备，它的故障将给供电可靠性和系统的正常运行带来严重的影响。因此，应针对主变压器运行过程中可能出现的故障及异常运行状态，配置相应的保护功能。

一、变压器的故障及不正常运行方式

1. 变压器的故障

变压器的故障分为油箱内的故障和油箱外的故障。

（1）油箱内的故障。变压器油箱内的故障主要有各侧的相间短路、大电流系统侧的单相接地短路及同相部分绕组之间的匝间短路。

（2）油箱外的故障。变压器油箱外的故障系指变压器绕组引出端绝缘套管及引出短线上的故障。主要有相间短路（两相短路及三相短路）故障、大电流侧的接地故障、低压侧的接地故障。

变压器发生故障，必将对电网和变压器带来危害，特别是发生内部故障时，短路电流产生的高温电弧不仅烧坏绕组绝缘和铁芯，而且使绝缘材料和变压器油受热分解产生大量气体，导致变压器外壳局部变形、破坏甚至引起爆炸。因此，变压器发生故障时，必须将其从电力系统中切除。

2. 变压器的不正常运行方式

主变压器的不正常运行方式主要有：由于系统故障或其他原因引起的过负荷，由于系统电压的升高或频率的降低引起的过励磁，不接地运行变压器中性点电位升高，变压器油箱油位异常，变压器温度过高及冷却器全停等。

二、变压器保护的配置

为了保证电力系统安全稳定运行，并将故障或不正常运行状态的影响限制到最小范围，按照 GB/T 14285—2023《继电保护和安全自动装置技术规程》的规定，变压器应装设以下保护。

1. 纵联差动保护

针对变压器绕组、套管和引出线上的短路故障，应装设纵联差动保护作为主保护，保护瞬时动作于断开变压器的各侧断路器。对于 6.3MVA 及以上厂用工作变压器和并列运行的变压器、10MVA 及以上厂用备用变压器和单独运行的变压器，以及 2MVA 及以上用电流速断保护灵敏性不符合要求的变压器，应装设纵联差动保护。对于高压侧电压为 330kV 及以上的变压器，可装设双重差动保护。

变压器的差动保护是利用比较变压器各侧电流的差值构成的一种保护，变压器装设有电流互感器，用来比较各侧电流差值和相位。纵联差动保护是比率制动式差动原理保护，它既要考虑励磁涌流和过励磁运行工况的影响，同时也要考虑电流互感器异常、饱和、暂态特性不一致等的影响。当变压器空载合闸或外部故障切除后电压恢复过程中，由于变压器铁芯中的磁通急剧增大，使变压器铁芯瞬时饱和，出现数值很大的励磁涌流。励磁涌流可达变压器额定电流的 6～8 倍，如不采取措施变压器差动保护将会误动。

由于变压器连接组别不同和各侧电流互感器变比不同，变压器各侧电流幅值相位也不同，差动保护整定计算要考虑这些影响。

对于 6.3MVA 以下厂用工作变压器和并列运行的变压器，以及 10MVA 以下厂用备用变压器和单独运行的变压器，当后备保护时限大于 0.5s 时，应装设电流速断保护。

2. 过电流保护

为反应变压器外部相间短路故障引起的过电流，以及作为变压器本身纵联差动保护和瓦斯保护的后备，变压器必须装设后备保护。根据变压器容量和对保护灵敏度的要求，实现后备保护的方式有：过电流保护、低电压启动的过电流保护、复合电压启动的过电流保护和负序过电流保护等。对由外部相间短路引起的变压器过电流，装设相应的保护作为后备保护，保护动作后，应带时限动作于跳闸。

3. 零序电流保护

电力系统中，接地故障是故障的主要形式。因此，大电流接地系统中的变压器，一般要求在变压器上装设接地（零序）保护。作为变压器主保护的后备保护和相邻元件接地短路故障时的后备保护。

大接地电流系统发生接地短路时，零序电流的分布和大小与系统中变压器中性点接地的台数和位置有关。对于有两台以上变压器的，可使部分变压器中性点接地，以保证在各种运行方式下，变压器中性点接地的数目和位置尽量维持不变，从而保证零序保护有稳定的保护范围和足够的灵敏度。

110kV 及以上变压器中性点是否接地运行，还与变压器中性点绝缘水平有关。220kV 及以上的大型电力变压器，高压绕组均为分级绝缘，即中性点绝缘有两种绝缘水平：一种绝缘水平很低，例如 500kV 系统中性点绝缘水平为 38kV，这种变压器只能接地运行。另一种有较高的绝缘水平，例如 220kV 变压器中性点绝缘水平为 110kV 的变压器，可直接接地运行；也可在电力系统不失去接地点的情况下，不接地运行。我国 220kV 系统中广泛采用这种中性点有较高绝缘水平的分级绝缘变压器。

110kV 及以上中性点直接接地的电力网中，如变压器的中性点直接接地运行，对外部单相接地引起的过电流，应装设零序电流保护。用作变压器外部接地短路时的后备保护，保护直接动作于跳闸。

4. 过负荷保护

0.4MVA 及以上变压器，当数台并列运行或单独运行并作为其他负荷的备用电源时，应根据可能过负荷的情况，装设过负荷保护。对于自耦变压器和多绕组变压器，保护应能反应公共绕组及各侧过负荷的情况。变压器过负荷电流大多数情况下三相是对称的，因此只装设对称过负荷保护。即只用一个电流继电器接于任一相电流之中，动作时经延时作用于信号。

5. 过励磁保护

高压侧电压 500kV 的变压器，对频率降低和电压升高引起的变压器工作磁密过高，应装设过励磁保护。保护由两段组成，低定值段动作于信号，高定值段动作于跳闸。

6. 间隙零序电流电压保护

主变压器中性点经放电间隙接地时，应装设变压器间隙零序电流电压保护，断开变压器各侧断路器并停机。

7. 非电量保护

主变压器非电量保护，反应主变压器瓦斯、油温、绕组温度及油箱内压力升高超过允许值、冷却系统故障、油位异常等，动作于发信或断开主变压器各侧断路器并停机。

（1）主变压器应装设瓦斯保护，当壳内故障产生轻微瓦斯或油面下降时，瓦斯保护应瞬时动作于信号；当壳内故障产生大量瓦斯时，应瞬时动作于断开变压器各侧断路器。气体继电器的引线故障、振动等情况容易引起瓦斯保护误动作，应采取措施防止此类情况发生。

（2）主变压器应装设温度保护，反应变压器油温及绕组温度升高的故障，与变压器油箱结合的高压电缆终端盒也应单独装设反应油温的温度继电器，以反应终端盒的油温过热故障。油温保护分为温度升高和温度过高两级，动作于信号或断开变压器各侧断路器。

（3）主变压器应装设变压器油位升高和降低保护，与变压器油箱结合的高压电缆盒、有载调压装置也应装设油位异常保护。所有油位升高和降低保护应瞬时动作于信号，必要时也可动作于断开变压器各侧断路器并停机。

（4）冷却系统全停后，保护动作于信号；冷却系统全停持续时间超过允许时间后，保护动作于断开变压器各侧断路器并停机。

（5）针对主变压器油箱内压力升高故障，变压器应装设压力释放保护，保护瞬时动作于信号，必要时也可动作于断开变压器各侧断路器并停机。

三、励磁变压器保护配置及要求

1. 保护配置

励磁变压器可装设保护功能：①励磁变压器相间短路主保护；②励磁变压器过电流保护；③励磁绕组过负荷保护；④温度保护（绕组温度或铁芯温度过高）。

2. 励磁变压器相间短路主保护

一般来说，抽水蓄能机组的励磁变压器采用高压侧电流速断保护作为变压器绕组及高压侧引出线相间短路故障的主保护,动作于断开主变压器各侧断路器并停机。当励磁变压器高、低压侧均装设了电流互感器时,也可采用纵联差动保护作为主保护。

3. 励磁变压器过电流保护

励磁变压器应装设高压侧过电流保护,作为励磁变压器绕组及引出线和相邻元件相间短路故障的后备保护,带时限动作于断开主变压器各侧断路器并停机。

4. 温度保护

励磁变压器应装设温度保护,反应变压器绕组温度和铁芯温度的升高故障,分为温度升高和温度过高两级,动作于信号或断开变压器各侧断路器并停机。对于励磁变压器电源取自主变压器低压侧,且两台及以上主变压器高压侧共用一个断路器的接线方式,励磁变压器绕组温度保护配置为两段,Ⅰ段瞬时动作于报警,Ⅱ段宜延时动作于停机及断开励磁变压器低压侧断路器,励磁变压器低压侧未配置断路器的应动作于断开变压器各侧断路器。

第四节　发电机保护

在电力系统中运行的发电机,小型的为 6~12MW,大型的为 200~600MW。由于发电机的容量相差悬殊,在设计、结构、工艺、励磁乃至运行等方面都有很大差异,这就使发电机及其励磁回路可能发生的故障、故障概率和不正常运行状态有所不同。另外抽水蓄能机组工况众多,转换频繁,各工况下电气特征各异,所配置保护应能适应工况运行及转换过程的要求,做到不误动不拒动。

一、发电机的故障、不正常运行状态

可能发生的主要故障:定子绕组相间短路;定子绕组一相匝间短路;定子绕组一相绝缘破坏引起的单相接地;转子绕组(励磁回路)接地;转子励磁回路低励(励磁电流低于静稳极限所对应的励磁电流)、失去励磁。

主要的不正常运行状态:过负荷;定子绕组过电流;定子绕组过电压(水轮发电机、大型汽轮发电机);三相电流不对称;失步(大型发电机);逆功率;过励磁;断路器断口闪络;非全相运行等。

二、抽水蓄能机组运行工况判别方法

抽水蓄能电站机组运行工况众多、转换频繁,每种运行工况都有特殊的保护功能需投入或可能导致误动作的保护功能需闭锁,错误判别运行工况可能导致相关保护的误动作或者拒动作,因此运行工况的准确判别是抽水蓄能机组保护可靠运行的前提。

1. 引入监控系统的工况判别方法

电站监控系统控制着抽水蓄能机组的开停、发电、抽水和调相等工况的转换,机组实时

123

的运行工况可以由顺序控制流程逻辑输出,经硬布线方式由机组 LCU 直接传输到机组保护或控制设备,输入触点与运行工况一一对应。该方法回路简单,易于实现,但高度依赖信号回路的可靠性,在一些要求较高的应用场景,需采取提高回路可靠性的措施,如信号电缆单独敷设、采用强电开入回路、三取二方式等,另外,由于监控系统的通信延迟等原因,在机组工况转换过程中,可能出现短时无工况或多工况信号叠加的情况,需考虑该情况对保护或控制设备的影响。

2. 引入断路器等开关设备状态信号的工况判别方法

机组运行过程中,一次设备(包括发电电动机断路器、换相开关、拖动开关等)状态与机组所处运行工况存在确定的对应关系,如果引入这些一次设备的状态信号,即可根据该对应关系来判别机组所处的运行工况。除一次设备外,还可以增加导叶位置等其他设备状态进行工况综合判别。该方法基于机组一次设备分合状态完成工况判别,不依赖于监控系统,一定程度上提高了工况判别的可靠性。但是,任一开关设备的机械式辅助触点闭合不到位,或者中间二次回路断线,均可能造成该开入的误变位,进而导致工况错判。

另外,抽水蓄能机组具有发电调相工况和抽水调相工况,与发电工况和抽水工况相比,仅仅是无功功率大小不同,开关设备的位置状态完全一致。通过检测导叶是否全关来区分发电调相工况和发电工况是行不通的,因为发电工况下若导叶误关闭,发电机逆功率保护应动作,但导叶全关后保护装置认为机组处于发电调相工况,会闭锁发电机逆功率保护。可行的做法是,由监控系统送出信号,通知保护装置机组处于调相模式。需要注意的是:在机组由发电工况向发电调相工况转换过程中,在导叶接近全关位置之前,机组即由输出有功转变为吸收有功状态,为防止发电机逆功率保护误动,监控系统最迟应于此时向保护装置发出调相信号,闭锁发电机逆功率保护功能。

三、机组换相对保护的影响

抽水蓄能机组在发电和抽水两种运行工况,机组旋转方向是相反的。为使得不论是发电或抽水状态,发电电动机相序与系统侧始终保持一致,通常在定子绕组出口一次回路中设置换相开关,使 A 相与 C 相切换(B 相不动),或 A 相与 B 相切换(C 相不动),实现相序的转换。抽水蓄能机组所特有的换相运行,对纵联差动保护、功率型保护、阻抗型保护、方向元件、序分量计算等直接产生影响。

换相对纵联差动保护的影响取决于差动保护范围是否包含换相开关。一般情况下,发电机纵联差动保护的动作区不包括换相开关,无须进行换相切换。主变压器纵联差动保护的动作区可能包含换相开关,在抽水工况下构成差动保护的主变压器高、低压侧的电流相序不一致,必须进行二次电流的换相切换。对于阻抗型保护,例如失磁保护阻抗判据或失步保护,采用正序阻抗构成判据,均需进行换相切换。

发电运行时,三相电压和电流呈正序,负序滤过器无输出;抽水运行时,转子旋转方向与发电工况相反，三相电压和电流呈负序，即抽水工况正常运行时负序滤过器即有输出，因此运行工况转换时必须作相应的电气量相序切换。在正常发电运行时，负序功率方向元件中既无负序电压，又无负序电流，它不会误动。在正常抽水运行时，负序滤过器有输出，而且不同的负序滤过器将有不同的输出，因此负序功率方向元件在机组进行发电—抽水工况转换时，电气量相序均应作换相切换，方能保证保护的原有性能。

换相对保护影响的解决办法，一般情况下是利用微机保护装置强大计算性能和灵活性，通过软件来实现自动换相。通过换相开关的辅助触点状态，判断机组处于发电还是抽水工作状态，当判断出机组转为抽水工况时，变换为对 A、C 换相或 A、B 换相后的相序（保持正序性质）进行相量计算和保护逻辑判别。

四、发电电动机保护配置及要求

100MW 及以上容量发电电动机的电气量保护应按完全双重化配置，100MW 以下机组电气量保护可按单套配置。实际工程设计时，应根据机组容量和定子绕组分支设计等情况进行具体配置。

1. 纵差保护（完全纵差保护、不完全纵差保护）

对于发电电动机定子绕组及其引出线的相间短路故障，应根据抽水蓄能机组的具体设计制定发电电动机差动保护方案，可选择性地配置纵差保护功能，即完全纵差保护或不完全纵差保护，动作于停机。不完全纵差保护除反应相间短路故障外，在定子匝间短路或分支开焊时也能动作。差动保护应具有电流回路断线监视功能，断线后动作于信号，且不应闭锁差动保护。

发电电动机纵差保护的保护范围应与主变压器差动保护相配合，以确保在不同运行工况下均能够消除死区。可配置保护范围仅包含发电电动机的小差保护和保护范围包含发电电动机、换相开关或发电电动机断路器的大差保护。

2. 横差保护（裂相横差保护、单元件横差保护）

发电电动机定子绕组的匝间故障包括同相同分支匝间短路、同相不同分支匝间短路和分支开焊故障。对于这类故障，完全纵差保护不能反应，应按下述原则装设定子匝间故障保护。

（1）对于定子绕组为星形接线，每相有并联分支且中性点有引出分支（或分支组）端子的发电电动机，可装设单元件横差保护或裂相横差保护。

（2）为保证灵敏度，单元件横差保护应具有较高的三次谐波滤过比（不低于 100）。横差保护除能够反应定子匝间短路和分支开焊故障外，在定子相间短路时也能够动作。

3. 复合电压过电流保护

当发电电动机以外设备（主变压器、母线等）发生故障时，若相应的保护拒动或断路器操作失灵，为了可靠地切除故障，发电电动机装设反应外部故障的复合电压过电流保护，该保护同时作为发电电动机的后备保护。复合电压过电流保护配置原则如下：

（1）宜装设复合电压（负序电压元件和线电压元件）启动的过电流保护。

（2）对于自并励的发电电动机，宜采用带电流记忆（保持）的复合电压过电流保护，电流记忆功能投入的前提是复合电压判别开放。

（3）对所连接母线的相间故障，应具有必要的灵敏系数，灵敏系数不宜低于1.3。

4. 定子接地保护

定子绕组的单相接地（定子绕组与铁芯间的绝缘破坏）是发电电动机最常见的一种故障，对于100MW以下发电电动机，应装设保护区不小于90%的定子接地保护；对于100MW及以上的发电电动机，应装设保护区为100%的定子接地保护。保护功能应根据抽水蓄能电站具体设计情况配置，可选择性地配置基波零序电压定子接地保护、零序电流定子接地保护、三次谐波电压定子接地保护和注入式定子接地保护。采用注入式原理时，应具有注入源电压消失、故障或过载报警功能。

5. 转子接地保护

针对发电电动机励磁回路的接地故障，发电电动机应装设转子接地保护或接地检测装置，延时动作于信号或程序跳闸，即在转子接地保护动作发出信号后，应立即转移负荷，实现平稳停机检修。

100MW及以上发电电动机，宜装设双套不同原理的转子接地保护装置，一般可采用注入式和乒乓式保护原理。由于存在保护回路相互影响问题，双套转子接地保护装置正常运行时投入其中一套，另一套作为冷备用。采用注入式原理时应具有注入源电压异常报警功能。

6. 过励磁保护

大容量机组材料利用率高，工作磁密接近于饱和磁密，发生过励磁时后果比较严重，有可能造成机组严重过热或损坏铁芯，因此大容量抽水蓄能机组应装设过励磁保护，包括定时限段和反时限段，有条件时应优先装设反时限过励磁保护。

（1）定时限过励磁保护的低定值段带时限动作于信号，高定值段动作于停机。

（2）对于反时限过励磁保护，反时限特性曲线由上限定时限、反时限、下限定时限三部分组成，保护特性曲线应与发电电动机的允许过励磁能力和励磁系统低励限制及保护相配合，动作于停机。

7. 过电压保护

对发电电动机定子绕组的异常过电压，应装设过电压保护，其定值应根据定子绕组绝缘能力整定，过电压保护宜动作于停机。

8. 低电压保护

装设发电电动机低电压保护，反应抽水工况、发电调相工况和抽水调相工况运行时失电故障或低电压，动作于停机。

9. 过频保护

对于100MW及以上发电电动机，应装设过频保护，一般动作于信号，也可动作于程序跳闸。

10. 低频保护

装设发电电动机低频保护，反应抽水工况、发电调相工况和抽水调相工况运行时失电故障或系统频率过低，动作于停机。

11. 失磁保护

发电电动机励磁电流异常下降或完全消失的失磁故障是常见故障之一，发电电动机失磁后，由送出无功功率转变为从系统吸收无功功率，系统电压下降，危及系统和厂用电的稳定运行，还会造成机组部件过热、机组失稳、振动增大等后果。应配置失磁保护，带时限动作于停机。在外部短路、系统振荡、发电电动机正常进相运行以及电压回路断线等情况下，失磁保护不应误动作。

12. 失步保护

发电电动机在经受大的扰动（如出线近端短路后延迟切除等）之后，可能发生不稳定振荡，即失步。与失磁后的异步运行状态不同，由于发电电动机仍然加有全励磁，因此其所受电流及转矩冲击都要更加严重。另外大型机组失步时，对系统也会带来不利的影响，可能导致邻近线路或元件继电保护误动作。因此，在大型机组上应装设失步保护。当振荡中心在发电电动机变压器组内部或失步振荡次数超过设定值，对发电电动机构成安全威胁时，动作于停机。保护应满足：

（1）在短路故障、系统同步振荡、电压回路断线等情况下，保护不应误动作。

（2）保护宜具有电流闭锁元件，保证断路器断开时的电流不超过断路器允许开断电流。

13. 转子表层（负序）过负荷保护

电力系统不对称短路或正常运行时三相负荷不平衡，发电电动机定子绕组中会出现负序电流，此电流将在转子表层感应出两倍频电流，进而在转子槽楔与槽壁之间的接触面上、槽楔连接区等部位形成局部高温，可能灼伤转子，造成机组严重破坏。因此，利用定子侧负序电流构成转子表层（负序）过负荷保护，来反应转子表层过热故障。

50MW 及以上，且转子承受负序电流能力常数大于 10 的抽水蓄能机组，应装设定时限转子表层（负序）过负荷保护。保护的动作电流按躲过发电电动机长期允许的负序电流值和最大负荷下负序电流的不平衡电流值整定，带时限动作于信号。

100MW 及以上，且转子承受负序电流能力常数小于 10 的抽水蓄能机组，转子表层（负序）过负荷保护由定时限和反时限两部分组成。定时限段的动作电流按躲过发电电动机长期允许的负序电流值和最大负荷下负序电流的不平衡电流值整定，带时限动作于信号。反时限段应能反映电流变化时发电电动机转子表层的热积累过程，其动作特性按发电电动机承受短时负序电流的能力确定，动作于停机，保护最小动作时间与快速主保护配合。

14. 定子过负荷保护

定子过负荷保护宜由定时限和反时限两部分组成。

定时限部分：动作电流按在发电电动机长期允许的负荷电流下能可靠返回的条件整定，动作于信号，在有条件时可动作于自动减负荷。

反时限部分：动作特性按发电电动机定子绕组的过负荷能力确定，动作于停机。保护应反映电流变化时定子绕组的热积累过程，保护最小动作时间与快速主保护配合。

15. 发电机逆功率保护

发电电动机在发电工况下可能出现反水泵异常运行情况，从系统吸收有功功率，应装设发电机逆功率保护，保护带时限动作于停机。

（1）发电机逆功率保护由灵敏的方向功率元件组成，方向指向发电机。

（2）除发电工况外，其他工况均应闭锁。

16. 电动机低功率保护

发电电动机在抽水工况下，可能出现输入功率过低和失去电源的异常情况，应装设电动机低功率保护，保护动作于停机。

17. 误上电保护

误上电保护反应发电电动机启停过程或静止状态中并网断路器误合闸事故，保护动作于停机。如发电电动机出口断路器拒动，误上电保护应启动失灵，失灵保护动作后断开所有有关的相邻电源支路。发电电动机并网后，此保护应可靠自动退出。

18. 启动过程保护

机组启动过程中保护装置应能正确检测发电电动机的相间短路、接地短路等故障，可针对性地配置低频差动保护、低频过电流保护和低频零序电压保护。由于抽水启动过程中频率较低且持续变化，保护装置应具有良好的低频特性，启动过程结束，机组转并网运行时该保护应自动退出，以免误动。

19. 电压相序保护

发电电动机可能出现旋转方向与电压相序不一致的异常情况，应装设电压相序保护，保护动作于停机。

20. 电流不平衡保护

电气制动停机过程中，发电电动机宜装设防止定子绕组端头短接（电气制动开关）接触不良的电流不平衡保护，保护动作于灭磁。

21. 轴电流保护或轴承绝缘保护

装设发电电动机轴电流保护或轴承绝缘保护，反应发电电动机轴电流密度超过允许值时转轴轴颈的滑动表面或轴瓦损坏故障，保护动作于发信，也可动作于停机。轴电流保护宜具有基波分量和三次谐波分量判据选择功能。

22. 断路器失灵保护

发电电动机应装设发电电动机断路器失灵保护，动作于跳开相邻所有断路器。断路器失灵保护由发电电动机保护出口触点、能快速返回的相电流及负序电流判别元件、发电电动机断路器位置辅助触点组成。

思 考 题

1. 继电保护装置的任务有哪些，有哪些基本要求？
2. 如何理解线路差动保护和距离保护？
3. 什么是自动重合闸？
4. 简述变压器保护和发电机保护配置。

第八章　高电压技术

本章概述

　　高压电技术应用于电力传输中，采用高压电技术是因为在同输电功率的情况下，电压越高电流就越小，这样高压输电就能减小输电时的电流，从而降低因电流产生的热损耗和降低远距离输电的材料成本。研究电介质在各种作用电压下的绝缘特性、介电强度和放电机理，以便合理解决电工设备的绝缘结构问题是高电压技术的重要内容。近些年来我国电力系统发展迅猛，其中高电压、大功率、远距离传输对高电压技术的发展起到了极大的推动作用，而高电压技术的发展对于保障我国电力安全具有非常重要的作用。

　　本章包含电介质的损耗及等效电路、过电压、避雷设备、电力系统绝缘水平 4 部分内容。

学习目标

学习目标	
知识目标	1. 掌握电介质损耗的物理意义。 2. 能理解雷击过电压产生的过程和特点。 3. 能理解避雷针避雷器等防雷设备的保护原理和保护范围。 4. 能理解操作过电压产生的原因和防护。 5. 能理解谐振过电压产生的原因和防护。
技能目标	—

第一节　电介质的损耗及等效电路

一、电介质损耗的基本概念

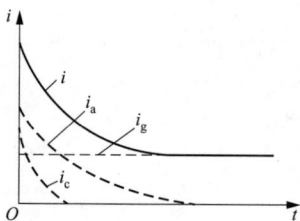

图 8-1-1　介质电流与时间的关系

　　给相串联的两层不同均匀介质的平行板电极上突然加上直流电压 U，流过介质的电流与时间的关系如图 8-1-1 所示。

　　电流的这种变化规律是由加压后介质内所发生的物理过程引起的。加压后两极间真空和无损极化（电子式极化和离子式极化）要在外回路造成电流 i_c。由于无损极化是瞬时完

130

成的，具有瞬时脉冲性质。除无损极化外，介质还会发生有损极化（偶极子转向极化和夹层极化），此类极化会在外回路造成吸收电流 i_a，因有损极化（主要是夹层极化）进行得非常缓慢，故 i_a 的衰减也较慢。电介质还存在电导，它会在外回路造成恒定的电流 i_g（称为泄漏电流）。上述三个电流分量叠加，即为外回路电流 i。

根据电流各分量的特点，可构造出双层不同均匀介质串联时的等效电路，如图 8-1-2 所示。

交流电压作用下，电介质的等效电路还可进一步简化。电压和电流都可以用相量表示，其相量关系如图 8-1-3 所示。等效电路可简化为并联等效电路。

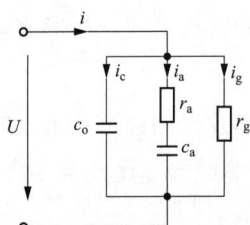

图 8-1-2　等效电路图

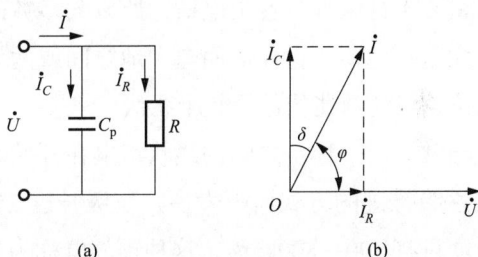

图 8-1-3　电介质并联等效电路与相量图

（a）等效电路；（b）相量图

$$P = UI_R = UI_C \tan\delta = U^2 \omega C_p \tan\delta \tag{8-1-1}$$

$$\tan\delta = \frac{I_R}{I_C} = \frac{1}{\omega C_p R} \tag{8-1-2}$$

在外加电压的大小、频率及试品尺寸一定时，$\tan\delta$ 与 P 成正比，故 $\tan\delta$ 可反映介质在交流电压下损耗的大小。

有功功率 P 虽然也能反映交流电压下介质损耗的大小，但它与试验时所加的电压、试品尺寸等有关，不同试品间难以相互比较，故用 P 表示介质损耗是不方便的。$\tan\delta$ 是介质有功电流与无功电流的比值，它如同介质的介电常数和电导率一样，取决于介质本身的特性和状况，与电压（不是很高时）和试品尺寸无关，因而不同试品的 $\tan\delta$ 可相互比较。工程上用 $\tan\delta$ 来衡量介质损耗的大小。

二、电介质的损耗在工程上的意义

（1）选用绝缘介质时，必须注意材料的 $\tan\delta$。$\tan\delta$ 越大，介质的损耗也越大，交流下发热也越严重。这不仅使介质容易劣化，严重时还可能导致热击穿。

（2）绝缘受潮时其 $\tan\delta$ 会增大，绝缘中存在气隙或大量气泡时在高电压下 $\tan\delta$ 也会显著增大，因此通过测 $\tan\delta$ 和 $\tan\delta - U$ 的关系曲线，可发现绝缘是否受潮或存在分层、开裂等缺陷。测量 $\tan\delta$ 是绝缘预防性试验中的一个基本项目。

（3）使用电气设备时必须注意它们对频率、温度和电压的要求，超出规定的范围时，不仅对电气设备本身的绝缘不利，还可能给其他工作带来不良影响。

第二节　过　电　压

一、雷电过电压

（一）雷云对地放电过程

雷云的物理性质具有多次重复雷击等现象和特点。

（1）雷云下部大部分带负电荷，所以大多数的雷击是负极性的，雷云中的负电荷会在地面感应出大量正电荷。这样地面与大地之间或两块带异号电荷的雷云之间，会形成强大的电场，其电位差可达数兆伏甚至数十兆伏。

（2）通常"云—地"之间的线状雷电在开始时往往是一微弱发光的通道从雷云向地面伸展，它以逐级推进的方式向下发展，每级长度25～50m，每级的伸展速度约为10^4km/s，平均发展速度只有100～800km/s，这种预放电称为先导放电。

（3）当先导放电接近地面时，地面上一些高耸的物体因周围电场强度达到了能使空气电离程度，会发出向上的迎面先导，当它与下行先导相遇时，就出现了强烈的电荷中和过程，出现极大的电流，这就是雷电的主放电阶段，伴随着雷鸣和闪光。这段时间极短，只有50～100μs，它是沿着负的下行先导通道，由下而上逆向发展的，亦称"回击"。

（二）直击雷过电压与感应雷过电压的概念

电气设备上的大气过电压，包括两种情况：一种是由于雷电直接对设备放电，在设备上造成的直击雷过电压；另一种是雷电对设备附近的物体或大地放电时，在设备上造成的感应雷过电压。

1. 直击雷过电压

如图8-2-1所示，有一高度为h的与大地连接的金属导体（即避雷针），当它对大地传导电流时，大地所呈现的电阻为R_{ch}。现在我们来分析当雷电直接对该避雷针放电时，其顶端的电位u与哪些因素有关。

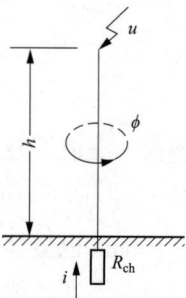

显然，雷电流i流过R_{ch}的压降为iR_{ch}。而在雷电流由零上升到最大值的这一部分（即波前部分），由于陡度很大，即单位时间内的电流上升很快，所以在针的周围磁通的变化率很大。直击雷过电压是雷电流在被击物阻抗上的压降。为了决定直击雷过电压，需要知道：① 被击物阻抗的性质及参数；② 雷电流的幅值、上升的速度或雷电流的波形。

2. 感应雷过电压

现以雷击输电导线附近的地面为例，来说明感应雷过电压产生的物理概念。

图8-2-1　雷电直接对设备放电

当雷击于输电导线附近的地面时，会在输电导线上产生感应雷过电压。这是因为在雷电放电的先导阶段，在先导通道中充满了电荷（例如负电荷），如图 8-2-2（a）所示，它对导线产生了静电感应，在先导通道附近的导线上积累了异号的束缚电荷（例如正电荷）。因为先导发展速度较慢，所以导线上正电荷集中的过程也很缓慢，其电流可以忽略不计。当雷击大地时，主放电开始，先导通道中的电荷被自下而上中和，这时导线上的束缚电荷失去束缚，转变为自由电荷，向导线两侧流动，如图 8-2-2（b）所示。由于主放电速度很快，所以导线中的电流也很大，感应雷电压波 $u = iZ$ 就会达到很大的数值。

感应雷过电压的幅值 U 将与雷电主放电电流的幅值 I 成正比；与雷击地面点距导线的距离 S 成反比。导线的悬挂高度 h 也显然影响到 U 的大小，因为即使同样的感应电荷，当导线离地越近时，导线对地电容越大，电压就越小；当导线离地越高时，导线对地电容越小，电压就越大。

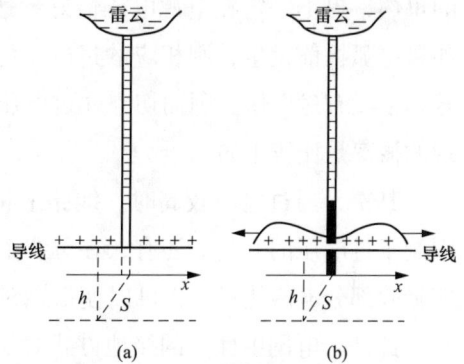

图 8-2-2　感应雷过电压的产生

（a）束缚电荷；（b）自由电荷

二、切除空载长线路过电压

切除空载长线路（简称切空线）是电网中最常见的操作过程之一。切除负载时，可能断路器 QF2 先分闸，QF1 后分闸，显然，QF1 分闸就是切空线。又如在图 8-2-3 中，在双端供电的线路中，若发生接地故障，从实测知，断路器 QF1 和 QF2 分闸的时间总是存在着一定的差异，并可估计为 0.01～0.05s。显然，不论哪个断路器先分闸，后分闸的断路器也是切除健全相的空载线路。

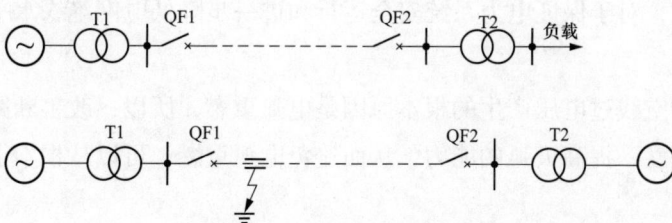

图 8-2-3　切除空载线路操作

（一）切空线过电压产生的物理过程

切除空载线路时，断路器触头的分离可能在电源相位角为任何一数值时发生，通常交流电弧要在电流过零时，加上灭弧室吹弧的作用才可能熄灭，如果触头分离时电流不为零，就会在触头之间产生电弧，线路就还没有被切除。由于空载线路的电流是容性，线路电流过零时，线路上的电压恰好为最大值，断路器灭弧以后，在线路上滞留一个残留电压，加之断路器电弧的重燃，则可能使线路上产生很高的过电压。

（二）影响切空线过电压的因素

影响切空线过电压的因素很多，主要的有以下几点。

首先是电弧熄灭过程复杂性的影响。即使用同一台断路器切除同一条空载线路，重燃的条件也不尽相同。由于电弧燃烧、熄灭的不稳定性，断路器在切除空载线路时的重燃次数、重燃相角、熄弧时刻等都有很大的偶然性。实测表明，断路器每次分闸，不一定都发生电弧的重燃，更不一定在电源电压恰好到达最大值并与线路残留电压的极性相反时发生。显然，如果电弧提前发生，则相应的过电压将随之降低；如果重燃在断弧后的 1/4 周期内发生，则基本上没有过电压。因而切空线过电压具有随机统计性，理想化理论分析的那种危险情况出现的概率是比较小的。

其次，当过电压较高时，线路上将产生强烈的电晕，电晕损耗可以消耗过电压的能量，限制了过电压的升高。还有，在母线上有几个回路的出线时，母线上的等效电容将加大，它能吸收部分电磁能量，也可以使重燃时的过电压降低。

此外，电网中性点的接地方式对切空线过电压也有很大影响。在中性点直接接地的电网中，各相有自己的独立回路，相间电容影响不大，切空线的过程与前面讨论的情况相仿。但当中性点不接地或经消弧线圈接地时，由于断路器三相分闸的不同期性，当第一相开断以后，其他两相仍旧是闭合的，必须经过某一个时延，其他相才会开断，甚至还会发生某一相拒动的可能。这样实际上形成了开断瞬间的不对称电路，中性点发生位移，三相之间互相牵连、影响，使断路器分闸时电弧的燃烧和熄灭过程变得很复杂，在不利条件下可使过电压显著增高。一般地说，这种情况下切空线过电压比中性点直接接地电网高 20% 左右。

（三）限制切空线过电压的措施

切空线过电压是确定高压线路和电气设备绝缘水平的重要依据之一。因此采取措施消除或限制这种过电压，对于保证电力系统安全运行和进一步降低电网绝缘水平具有十分重要的经济意义。

首先，由于切空线过电压产生的根本原因是电弧重燃，所以，改善断路器的性能，增大其触头间的恢复强度，提高灭弧的能力，从而避免电弧重燃，可以从根本上消除这种过电压的产生。

其次，采用带并联电阻的断路器是一个有效的措施。由于电阻的阻尼作用，过电压显著下降。实测表明，即使在最不利的时刻发生重燃，过电压也只有最高运行相电压的 2.28 倍左右。

三、切除空载变压器过电压

切除空载变压器时产生的过电压，又是一种典型的操作过电压。空载变压器是电感性负载，因此，切除消弧线圈、电动机和并联电抗器等电感元件也会产生与切除空载变压器相类似的情况。

（一）切除空载变压器过电压产生的物理过程

断路器在切断大电流时，通常都是在工频电流过零时切断电弧。但是，在切除空载变压器时，由于空载励磁电流很小（变压器空载励磁电流一般只有额定电流的1%～4%），断路器有可能在工频电流不过零时切断电弧，称为断路器的截流。

在中性点直接接地的电网中，一般不超过最高运行相电压的3倍；在中性点不接地的电网中，一般不超过4倍。

（二）影响切除空载变压器过电压的因素

断路器的性能对切除空载变压器过电压的影响很大。

切断小电流、电弧性能差的断路器（尤其是多油断路器），由于截流能力不强，很难在电流较大时断弧，因而切除空载变压器过电压较低。而截断小电流、电弧性能好的断路器（如压缩空气断路器），截流能力强，在电流较大时就可以断弧，因而切除空载变压器过电压较高。

断路器触头间耐电强度的恢复速度，与切除空载变压器过电压值也有关系。当断路器截流以后，断路器触头的变压器侧产生过电压，而电源一侧仍为工频电源电压，在触头两端形成很大的电位差。此时，如果触头间的耐电强度恢复得慢，则触头间容易发生电弧的多次重燃，使变压器侧的能量向电源释放，降低过电压的数值。相反，若触头间的耐电强度恢复得快，发生电弧重燃的机会少，变压器侧的能量不易向电源侧释放，则过电压的值较大。

变压器的结构形式及与变压器相连的接线对切除空载变压器过电压的影响也是很明显的。现代高压变压器，由于采用了纠结式绕组，大大增加了绕组的电容 C，所以在切除这种变压器时产生的过电压一般不大于最高运行相电压的2倍。

如果被切空载变压器连有一段电缆或架空线，这就加大了电容 C，从而也会降低切除空载变压器过电压的数值。

四、电弧接地过电压

在中性点绝缘的电网中，如果单相通过不稳定的电弧接地，即接地点的电弧间歇性地熄灭和重燃，则在电网的健全相和故障相上都会产生过电压，一般把这种过电压称为电弧接地过电压。

通常，电弧接地过电压不会使符合标准的良好设备绝缘发生损坏。但是，应该看到：在电力系统中常常有一些弱绝缘的设备；有的设备绝缘强度在运行中可能下降；某些潜伏性的绝缘故障在预防性试验中未检查出来等。在这些情况下遇到电弧接地过电压就有可能发生危险。在少数情况下，电弧接地过电压也能发展成对正常绝缘有危险的高幅值过电压。更因为这种过电压波及的面比较广，而单相接地故障在电力系统中出现的机会又特别多，持续时间很长（几分钟甚至几小时）。因此，电弧接地过电压对中性点绝缘系统的危害性是不容忽视的。

防止电弧接地过电压的根本途径是消除间歇性的电弧接地现象。方法之一是将电网的中性点直接接地，在这种情况下，发生单相接地时，电网中性点就不可能累积电荷而发生这种过电压。同时，中性点接地时，发生单相接地后，将形成巨大的单相短路电流，进而形成强烈的稳定电弧，这样断路器将动作，把故障线路迅速切断，随后依靠重合闸再行投入，以维持正常供电。

但是，对于较低电压等级输电线路来说，单相电弧接地的事故率相对很大，中性点直接接地后，将会引起断路器的频繁开断，并大大增加它们的检修次数，同时要求设置可靠的重合闸装置，因此，将中性点直接接地的办法并不适当。对于这样的电网，可采用中性点经消弧线圈的接地方式，以消除间歇性电弧接地现象，从而限制电弧接地过电压。

消弧线圈是一个具有铁芯的大容量的电感线圈，接在变压器（或发电机）的中性点上。在系统正常工作时，中性点电位为零，消弧线圈中无电流流过。当发生单相接地时，中性点电位上升到相电压，同时流过故障点的电流为电感电流及电容电流的相量和，由于消弧线圈的电感电流补偿了单相故障点电弧中的电容电流，使电弧中的电流接近零，电弧易于熄灭并大大降低了电弧重燃的可能，从而把单相电弧接地过电压限制在一定的范围之内。

五、谐振过电压

通常认为，系统中的电阻元件和电容元件均为线性元件，而电感元件则可分为三类：一类也是线性的（在一定条件下），第二类是非线性的，还有一类是电感值呈周期性变化的。与之相对应，可能发生三种不同形式的谐振现象。

（一）线性谐振过电压

这种电路中的电感 L 与电容 C、电阻 R 一样，都是线性参数，即它们的值都不随电流、电压而变化。这些或者是磁通不经过铁芯的电感元件，或者是铁芯的励磁特性接近线性的电感元件。

它们与电网中的电容元件形成串联回路，当电网的交流电源频率接近回路的自振频率时，回路的感抗和容抗相等或相近而互相抵消，回路电流只受回路电阻的限制而可达很大的数值，这样的串联谐振将在电感元件和电容元件上产生远远超过电源电压的过电压。

（二）参数谐振过电压

系统中某些元件的电感会发生周期性变化，例如发电机转动时，其电感的大小随着转子位置的不同而周期性的变化。当发电机带有电容性负载（例如一段空载线路）时，如再存在不利的参数配合，就有可能引发参数谐振现象。有时将这种现象称为发电机的自励磁或自激过电压。

由于电路中有损耗，所以只有当参数变化所吸收的能量（由原动机供给）足以补偿回路中的损耗时，才能保证谐振的持续发展。从理论上来说，这种谐振的发展将使振幅无限大，而不像线性谐振那样受到回路电阻的限制；但实际上当电压增大到一定程度后，电感一定会出现饱和现象，而使回路自动偏离谐振条件，使过电压不致无限增大。

（三）铁磁谐振过电压

当电感元件带有铁芯时，一般都会出现饱和现象，这时电感不再是常数，而是随着电流或磁通的变化而改变，在满足一定条件时，就会产生铁磁谐振现象，它具有一系列不同于其他谐振过电压的特点，可在电力系统中引发某些严重事故。

（1）产生串联铁磁谐振的必要条件是：电感和电容的伏安特性必须相交，即 $\omega L > 1/\omega C$。

（2）对于铁磁谐振电路，在同一电源电动势作用下，回路可能有不止一种稳定工作状态。在外界激发下，回路可能从非谐振工作状态跃变到谐振工作状态，电路从感性变为容性，发生相位反倾，同时产生过电压与过电流。

（3）铁磁元件的非线性是产生铁磁谐振的根本原因，但其饱和特性本身又限制了过电压的幅值，此外，回路中的损耗，会使过电压降低，当回路电阻值大到一定数值时，就不会出现强烈的谐振现象。

电力系统中的铁磁谐振过电压常发生在非全相运行状态中，其中电感可以是空载变压器或轻载变压器的励磁电感、消弧线圈的电感、电磁式电压互感器的电感等。电容是导线的对地电容、相间电容及电感线圈对地的杂散电容等。

（四）采取措施

为了限制和消除铁磁谐振过电压，人们已找到了许多有效的措施：

（1）改善电磁式电压互感器的励磁特性，或改用电容式电压互感器。

（2）在电压互感器开口三角绕组中接入阻尼电阻，或在电压互感器一次绕组的中性点对地接入电阻。

（3）在有些情况下，可在 10kV 及以下的母线上装设一组三相对地电容器，或用电缆段代替架空线段，以增大对地电容，从参数搭配上避开谐振。

（4）在特殊情况下，可将系统中性点临时经电阻接地或直接接地，或投入消弧线圈，也可以按事先规定投入某些线路或设备以改变电路参数，消除谐振过电压。

第三节 避 雷 设 备

一、避雷针与避雷线

避雷针、避雷线是保护电气设备免遭直接雷击的有效措施。避雷针一般用于保护发电厂和变电站；避雷线主要用于保护输电线路，也可以用于保护发电厂和变电站。

（一）避雷针与避雷线的结构

避雷针包括上部的接闪器（针头）、中部的接地引下线及下部的接地体三部分。接闪器可用直径为 10～12mm、长为 1～2m 的圆钢做成。接地引下线应保证雷电流通过时不致熔断，可以用直径为 6mm 的圆钢或截面积不小于 35mm² 的镀锌钢绞线，也可以用厚度不小于 4mm、宽度不小于 20mm 的扁钢做成，还可以利用钢筋混凝土杆内的钢筋或钢塔本身作为引下线。接地体为一金属电极，可用三根 2.5m 长的 40mm×40mm×4mm 的角钢打入地下再并联后而成，其接地电阻不应大于规定的数值。引下线与接闪器及接地体之间以及引下线和接地体本身的接头，都应可靠烧焊连接。

避雷线也是由平行悬挂在空中的金属线（接闪器）、接地引下线、接地体三部分组成。引下线上端与接闪器相连，而下端与接地体相连。用于接闪器的金属线一般采用截面积不小于 35mm² 的镀锌钢绞线。对引下线及接地体的基本要求与避雷针相同。用来保护输电线路的避雷线，悬挂在输电导线的上面，如果线路是用木质电杆架设，那么应在木杆的腿上固定避雷线的接地引下线；如果线路是用金属杆塔或钢筋混凝土杆架设，可用金属杆塔本身或钢筋混凝土杆内的钢筋作为接地引下线。如果在木杆线路上悬挂有两根避雷线，那么在每根电杆处两根避雷线应互相呈金属性连接，这样可以减小避雷线的波阻，降低过电压。

（二）避雷针（线）的保护原理

避雷针（线）高出被保护物，其作用是将雷电吸引到避雷针（线），将雷电泄入大地，从而保护设备。

在雷电先导放电的初始阶段，因先导离地面较高，故先导发展的方向不受地面物体的影响。但当先导发展到离地面的某一高度时，开始受地面上物体的影响而决定其放电方向（此高度通常称为雷电放电定位高度）。由于避雷针（线）较高，而且具有良好的接地，因而避雷针（线）上容易因静电感应而积聚与先导极性相反的电荷，使先导通道与避雷针（线）间的电场强度显著增强。即先导放电电场由于避雷针（线）的作用而发生歪曲，将先导放电的路径引向避雷针（线），并继续发展，直到对避雷针（线）发生主放电。这样，在避雷针（线）附近的物体遭到直接雷击的可能性就显著地降低，即受到了避雷针（线）的保护。显然，距离避雷针（线）越近的物体，遭受雷电直击的可能性越小。

（三）避雷针（线）的保护范围

受避雷针（线）保护的空间是有一定范围的。避雷针（线）的保护范围可由模拟实验和运行经验来确定。由于雷电的路径受很多偶然因素的影响，因此，要保证被保护物绝对不受直接雷击是非常困难的。所谓保护范围，一般是指被保护物遭受直接雷击的概率仅为 0.1% 左右的空间范围。

二、避雷器

避雷器是用来限制过电压，保护电气设备绝缘的电器。通常将它接于导线和地之间，与被保护设备并联，如图 8-3-1 所示。

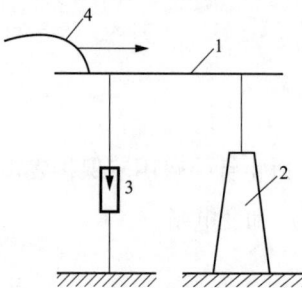

图 8-3-1　避雷器与被保护设备并联

1—线路；2—被保护设备；3—避雷器；
4—雷电波

正常情况下，避雷器中无电流流过。一旦线路上传来危及被保护设备绝缘的过电压波时，避雷器立即击穿动作，使过电压电荷释放泄入大地，将过电压限制在一定的水平。当过电压作用过去以后，避雷器又能自动切断工频电压作用下通过避雷器泄入大地的工频电流，使电力系统恢复正常工作。

避雷器的类型主要有保护间隙、管型避雷器、阀型避雷器、氧化锌避雷器等几种。

（一）保护间隙

雷电波侵入时，间隙先击穿，线路接地，避免被保护设备上的电压升高，从而保护了设备。常用的角形保护间隙如图 8-3-2 所示。但过电压消失后，间隙中仍有工作电压所产生的工频续流，此续流将是间隙安装处的短路电流。由于间隙的熄弧能力较差，有时不能自动熄弧，故会引起断路器跳闸。这样，虽然保护间隙限制了过电压，保护了设备，但将造成线路跳闸事故，这是保护间隙的主要缺点。为此，可将保护间隙配合自动重合闸使用。

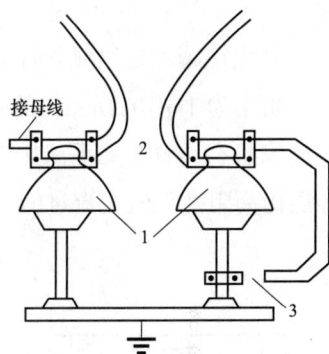

图 8-3-2　角形保护间隙

1—绝缘子；2—主间隙；3—辅助间隙

（二）管型避雷器

在正常情况下，避雷器通过外间隙使电网与大地隔开。当大气过电压波传来，达到避雷器冲击放电电压时，使内、外间隙击穿，工作母线接地，避免了被保护设备上的电压升高，从而保护了设备绝缘。当过电压消失后，间隙中仍有由工作电压所产生的工频续流。工频续流电弧的高温使产气管内产气材料分解出大量气体，管内压力急剧升高。气体在高压力作用下由喷气口喷出，形成强烈的"纵吹"作用，从而使工频续流在第一次经过零值时就被吹灭，使电网恢复到正常运行状态。

（三）阀型避雷器

阀型避雷器的工作原理如下：在系统正常工作时，间隙将阀片电阻与工作母线隔离，以免工作电压在阀片电阻中产生的电流使阀片烧坏。当系统中出现过电压且幅值超过间隙的放电电压时，间隙先击穿，冲击电流通过阀片流入大地，由于阀片的非线性特性，其电阻在流过大的冲击电流时变得很小，故在阀片上产生的残压将会很高，使其低于被保护设备的冲击耐压值，因而使设备得到保护。当过电压消失后，间隙中由工作电压产生的工频续流仍将继续流过避雷器，此续流由于受阀片电阻的限制远比冲击电流小，故阀片电阻值变得很大，从而进一步限制了工频续流的数值，使间隙能在工频续流第一次经过零值时就将电弧切断，使电网恢复正常运行。

（四）金属氧化物避雷器（MOA）

金属氧化物避雷器（MOA）又称氧化锌避雷器，是一种与传统避雷器概念有很大不同的新型避雷器，MOA 与其他传统避雷器的区别在于：其他类型避雷器，从羊角间隙到

FCZ 系列磁吹式避雷器，其内部空气间隙起着十分重要的作用，在正常运行时靠间隙将阀片与电源隔开，出现过电压间隙才被击穿，阀片放电泄流。而氧化锌避雷器是用氧化锌阀片叠装而成的，可完全取消间隙，这就解决了因间隙放电时限及放电稳定性所引起的各种问题。由于氧化锌阀片具有非线性特性好的特点，从而使避雷器的特性和结构发生了重大改变。

氧化锌阀片是以氧化锌为主并掺以 Sb、Bi、Mn、Cr 等金属氧化物烧制而成的。氧化锌的电阻率为 $1\sim10\Omega/cm$，晶界层的电阻率为 $10^{13}\sim10^{14}\Omega/cm$。当施加较低电压时，晶界层近似绝缘状态，电压几乎都加在晶界层上，流过避雷器的电流只有微安量级；电压升高时，晶界层由高阻变低阻，流过的电流急剧增大。

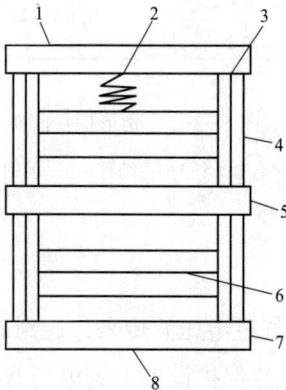

图 8-3-3　金属氧化物避雷器结构图

1—上金属板；2—弹簧或金属垫高件；3—螺钉；4—绝缘拉杆；5—绝缘固定套板；6—阀片；7—螺钉；8—隔板

在系统正常电压下，如不用串联间隙，则普通 SiC 阀式避雷器电流为几十安及几百安，而流过氧化锌避雷器上的电流只有几百微安至 1mA 左右，二者可能相差几十万倍。

由于氧化锌阀片优异的非线性和良好的材质稳定性，所以可以不用串联间隙。

1. MOA 结构

由于无间隙，所以 MOA 的结构相比阀型避雷器结构简单得多，金属氧化物避雷器结构图如图 8-3-3 所示。MOA 一接入电网就有电流通过，使元件自身发热。工作电压越高，电流越大，发热量越大，由于 MOA 阀片在小电流范围内有负的温度特性，所以温度升高，使泄漏电流增加，再加上操作、雷电、暂时过电压等冲击能量和表面污秽，这些累积效应将导致 MOA 热崩溃。

2. MOA 的优点

MOA 的优点有：

（1）基本无续流，耐多重雷击或多次操作波的能力强。

（2）伏安特性对称，正、负极性过电压保护水平相当。

（3）MOA 可以不用串联间隙，动作快，伏安特性平坦，残压低，不产生截波。

（4）MOA 阀片可以并联使用，因此对增大通流和降低残压都容易实现，为组装超高压避雷器提供了方便。

（5）可以降低被保护设备的绝缘水平。

（6）结构简单、体积小、质量轻，避雷器可采用积木式组装，较为简单。

氧化锌避雷器上的残压与流过它的电流大小基本无关，为一定值。当作用的电压降到动作电压以下时，氧化锌阀片相当于绝缘体，无间隙，无续流。

三、冲击接地

电流经接地体流入大地时，接地体本身、接地体与土壤之间的接触部分以及土壤本身都会呈现一定的电阻，这一电阻叫接地体的接地电阻。按通过接地体流入地中的工频电流求得的电阻，称为工频接地电阻；按通过接地体流入地中的冲击电流求得的电阻，称为冲击接地电阻。

接地体的接地情况良好与否，即接地电阻的大小，将直接影响防雷的性能。如单独装设的避雷针，其允许的接地电阻不应大于 25Ω。

（一）接地体的冲击系数

在冲击电流下，由于其幅值很大，作用时间又很短暂，所以冲击接地电阻与工频接地电阻不同。

当冲击电流流经接地体而入大地时，在接地体附近的土壤中出现了很大的电流密度，从而产生了很大的电场强度 E，形成火花效应，冲击电流流经接地体时，接地体本身的电感作用不能忽略。

（二）降低冲击接地电阻的方法

降低冲击接地电阻的方法有：

（1）选择复式接地装置。

（2）降低土壤电阻率。

第四节　电力系统绝缘水平

一、绝缘配合原则

（1）工频运行电压和暂时过电压下的绝缘配合：

1）工频运行电压下电气装置电瓷外绝缘的爬电距离应符合相应环境污秽分级条件下的爬电比距要求。

2）变电站电气设备应能承受一定幅值和时间的工频过电压和谐振过电压。

（2）操作过电压下的绝缘配合：电压范围Ⅱ（$U_{\mathrm{m}}>252\mathrm{kV}$）；电压范围Ⅰ（$3.5\mathrm{kV}<U_{\mathrm{m}}\leqslant252\mathrm{kV}$）。

1）范围Ⅱ的架空线路确定其操作过电压要求的绝缘水平时，可用将过电压幅值和绝缘强度作为随机变量的统计法，并且仅考虑空载线路合闸、单相重合闸和成功的三相重合闸（如运行中使用时）过电压。

2）范围Ⅱ的变电站电气设备操作冲击绝缘水平以及变电站绝缘子串、空气间隙的操作冲击绝缘强度，以避雷器相应保护水平为基础，进行绝缘配合。配合时，对非自恢复绝缘采用惯用法；对自恢复绝缘则仅将绝缘强度作为随机变量。

3）范围Ⅰ的架空线路和变电站绝缘子串、空气间隙的操作过电压要求的绝缘水平，以计算用最大操作过电压为基础进行绝缘配合。将绝缘强度作为随机变量处理。

（3）雷电过电压下的绝缘配合：变电站中电气设备、绝缘子串和空气间隙的雷电冲击强度，以避雷器雷电保护水平为基础进行配合。配合时，对非自恢复绝缘采用惯用法；对自恢复绝缘仅将绝缘强度作为随机变量。

（4）用于操作雷电过电压绝缘配合的波形：

1）操作冲击电压波。至最大值时间250μs，波尾2500μs。注意：

（a）有绕组的电气设备除外。

（b）当采用其他波形时，绝缘配合裕度应符合相关标准要求。

2）雷电冲击电压波。波头时间1.2μs，波尾50μs。

（5）进行绝缘配合时，对于范围Ⅱ的送电线路、变电站的绝缘子串、空气间隙在各种电压下的绝缘强度，宜采用仿真型塔（构架）试验数据。

（6）本节中送电线路、变电站绝缘子串及空气间隙的绝缘配合公式均按标准气象条件给出。当送电线路、变电站因海拔引起气象条件变化而异于标准状态时，应按要求进行校正（海拔1000m及以下地区，按1000m条件校正），以满足绝缘配合要求，并有如下规定：

1）空气间隙。不考虑雨的影响，仅进行相对空气密度和湿度的校正。

2）绝缘子串。工频污秽放电电压暂不进行校正。

3）操作冲击电压波放电电压。按以下两种方法校正，且按严苛条件取值：

（a）考虑雨的影响，使绝缘子正极性冲击电压波放电电压降低5%（或采用实测数据），再进行相对空气密度校正；

（b）不考虑雨的影响，但进行相对空气密度和湿度的校正。

（7）关于变电站电气设备绝缘配合的要求，适用于设备安装点海拔不超过1000m。当设备安装点海拔超过1000m时，可参照对设备外绝缘的耐受电压要求。

（8）污秽区电瓷外绝缘的爬电距离按相关标准执行。

（9）范围Ⅰ的各电压等级相对地计算用最大操作过电压的标幺值应该选取下列数值：35kV及以下低电阻接地系统，3.2；66kV及以下（除低电阻接地系统外），4.0；110kV及220kV，3.0。3～220kV电力系统，相间操作过电压宜取相对地过电压的1.3～1.4倍。

当采用金属氧化物避雷器限制操作过电压时，相对地及相间计算用最大操作过电压的标幺值需经研究确定。

二、架空送电线路的绝缘配合

（1）0级污秽区线路绝缘子串。每串绝缘子片数应符合工频电压的爬电距离要求，同时应符合操作过电压要求。

1）由工频电压爬电距离要求的线路每串绝缘子片数应符合式（8-4-1）要求：

$$m \geqslant \frac{\lambda U_m}{K_e L_0} \qquad (8-4-1)$$

式中 m——每串绝缘子片数;

U_m——系统最高电压,kV;

λ——爬电比距,330kV 及以上为 1.45,220kV 及以下为 1.39,cm/kV;

L_0——每片悬式绝缘子的几何爬电距离,cm;

K_e——绝缘子爬电距离的有效系数,主要由各种绝缘子爬电距离在试验和运行中提高污秽耐压的有效性来确定,并以 XP-70 型绝缘子作为基础,其 K_e 值取为 1。

几何爬电距离 290mm 的 XP-160 型绝缘子的 K_e 暂取为 1;采用其他形式绝缘子时,K_e 应由试验确定。

2)操作过电压要求的线路绝缘子串正极性操作冲击电压波 50% 放电电压 $\bar{u}_{s.l.i}$ 应符合

$$\bar{u}_{s.l.i} \geqslant K_1 U_0 \qquad (8-4-2)$$

式中 U_0——对范围Ⅱ为线路相对地统计操作过电压,采用空载线路合闸、单相重合闸和成功的三相重合闸(如运行中使用时)中的较高值;对范围Ⅰ为计算用最大操作过电压,kV。

K_1——线路绝缘子串操作过电压统计配合系数,对范围Ⅱ取 1.25,对范围Ⅰ取 1.17。

(2)线路(受风偏影响的)导线对杆塔的空气间隙。绝缘子串风偏后,导线对杆塔的空气间隙应分别符合工频电压要求[见式(8-4-3)]、操作过电压要求[见式(8-4-4)]及雷电过电压要求。

1)风偏后线路导线对杆塔空气间隙的工频 50% 放电电压 $\bar{u}_{i.s}$ 应符合

$$\bar{u}_{i.s} \geqslant K_2 U_m / \sqrt{3} \qquad (8-4-3)$$

式中 K_2——线路空气间隙工频电压统计配合系数,对范围Ⅱ取 1.40;对 110kV 及 220kV 取 1.35,对 66kV 及以下取 1.20。

风偏计算用的风速取线路设计最大风速。

2)风偏后线路导线对杆塔空气间隙的正极性操作冲击电压波 50% 放电电压 $\bar{u}_{s.l.s}$ 应符合

$$\bar{u}_{s.l.s} \geqslant K_3 U_0 \qquad (8-4-4)$$

式中 K_3——线路空气间隙操作过电压统计配合系数,对范围Ⅱ取 1.1;对范围Ⅰ取 1.03。

风偏计算用的风速取线路设计最大风速的 0.5 倍。

3)风偏后线路导线对杆塔空气间隙的正极性雷电冲击电压波 50% 放电电压,可选为绝缘子串相应电压的 0.85 倍(污秽区该间隙可仍按 0 级污秽区配合)。

风偏计算用的风速,对于线路设计最大风速小于 35m/s 的地区,一般采用 10m/s;最大风速在 35m/s 及以上以及雷暴时风速较大的地区,一般采用 15m/s。

(3)送电线路采用 V 型绝缘子串时,V 型串每一分支的绝缘子片数应符合式(8-4-1)

的要求。导线对杆塔的空气间隙应符合以下三种电压要求：

1）工频电压。按式（8-4-3）确定，但 K_2 对范围Ⅱ取 1.50；对 110kV 及 220kV 取 1.40，对 66kV 及以下取 1.30。

2）操作过电压。按式（8-4-4）确定，但 K_3 对范围Ⅱ取 1.25；对范围Ⅰ取 1.17。

3）雷电过电压。应符合线路耐雷水平的要求。

（4）海拔不超过 1000m 地区架空送电线路绝缘子串及空气间隙不应小于有关标准要求。在进行绝缘配合时，考虑杆塔尺寸误差、横担变形和拉线施工误差等不利因素，空气间隙应留有一定裕度。

（5）电气设备耐受电压的选择。3～500kV 电气设备随其所在系统接地方式的不同、暂时过电压的差别及所选用的保护用阀型避雷器型式、特性的差异，将有不同的耐受电压要求。

思 考 题

1. 测量电介质损耗的意义是什么？
2. 简述直击雷过电压产生的过程。
3. 空载线路合闸过电压产生的原因是什么？影响过电压的因素主要有哪些？
4. 简述铁磁谐振过电压产生的过程。铁磁谐振过电压防护的方法有哪些？
5. 雷云对地放电的过程分为哪几个阶段？各有何特点？
6. 氧化锌避雷器有哪些优点？
7. 降低冲击接地电阻的方法有哪些？
8. 绝缘配合基本原则是什么？

第九章　电力系统分析

本章概述

电力系统分析是电气专业的重要内容，同时又是学习电机学、电气设备等其他专业知识的重要专业基础，因此学习好该章节内容对理解其他专业知识及开展现场生产分析非常重要。由于本章节理论性强，因此在内容上进行了优化，注重最基本的理论知识，精减了公式推导。本章节内容阐述简明，重点突出，并对难点进行了解释说明。

本章共分为4节内容，分别阐述了电力系统的接线方式、电力系统的电压等级、电力系统中性点接地方式、电力系统有功功率的平衡及频率调整等内容。

学习目标

学习目标	
知识目标	1. 掌握电力系统无备用接线特点。 2. 掌握电力系统有备用接线特点。 3. 掌握电力系统接线方式选择。 4. 掌握额定电压的分类。 5. 掌握主要设备的额定电压。 6. 掌握电力系统中性点的定义。 7. 掌握电力系统中性点接地方式的分类。 8. 掌握电力系统频率的偏移类型。 9. 掌握电力系统频率偏移的影响。 10. 掌握电力系统综合负荷的静态特性曲线。 11. 掌握电力系统有功功率的平衡及备用。 12. 掌握电力系统的功率调整。
技能目标	—

第一节　电力系统的接线方式

电力系统的接线方式按供电可靠性分为有备用接线方式和无备用接线方式两种。

一、无备用接线

无备用接线方式是指负荷只能从一条路径获得电能的接线方式。根据形状，它包括单回路的放射式、干线式和链式网络，如图 9-1-1 所示。无备用接线的主要优点在于简单、经济、运行操作方便；主要缺点是供电可靠性差，并且在线路较长时，线路末端电压往往偏低，因此这种接线方式不适用于一级负荷占很大比重的场合。但一级负荷的比重不大，并可为这些负荷单独设置备用电源时，仍可采用这种接线，这种接线方式广泛应用于二级负荷。

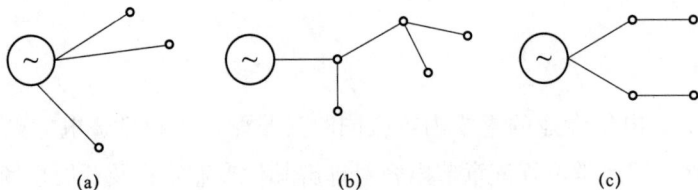

图 9-1-1 无备用网络

（a）放射式；（b）干线式；（c）链式

二、有备用接线

有备用接线方式是指负荷至少可以从两条路径获得电能的接线方式。它包括双回路的放射式、干线式、链式、环式和两端供电网络，如图 9-1-2 所示。有备用接线的主要优点在于供电可靠性，电压质量好。有备用接线中，双回路的放射式、干线式和链式接线的缺点是不够经济；环式网络的供电可靠性和经济性都不错，但其缺点是运行调速复杂，并且故障时的电压质量差；两端供电网络很常见，供电可靠性高，但采用这种接线的先决条件是必须有两个或两个以上独立电源，并且各电源与各负荷点的相对位置又决定了这种接线的合理性。

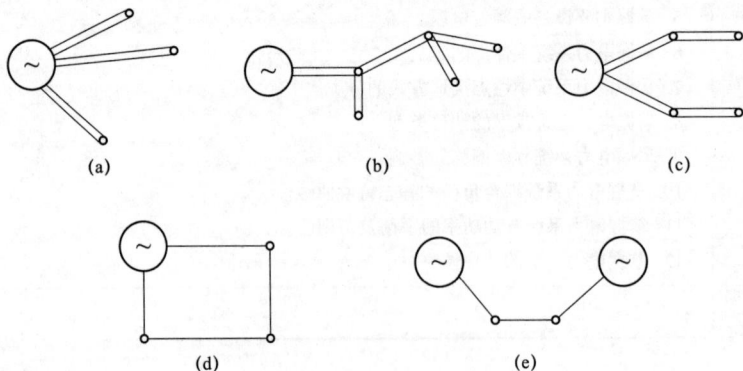

图 9-1-2 有备用网络

（a）双回路放射式；（b）双回路干线式；（c）双回路链式；（d）环式；（e）两端供电网络

三、接线方式选择

电力系统中各部分电力网担负着不同的职能，因此对其接线方式的要求也不一样。电力网按其职能可以分为输电网络和配电网络。

输电网络的主要任务是,将大容量发电厂的电能可靠而经济地输送到负荷集中地区,输电网络通常由电力系统中电压等级最高的一级或两级电力线路组成。系统中的区域发电厂(经升压站)和枢纽变电站通过输电网络相互连接。

对输电网络接线方式的要求主要是,应有足够的可靠性,满足电力系统运行稳定性的要求,有助于实现系统的经济调度,具有对运行方式变更和系统发展的适应性等。用于连接远离负荷中心地区的大型发电厂的输电干线和向缺乏电源的负荷集中地区供电的输电干线,常采用双回路或多回路。位于负荷中心地区的大型发电厂和枢纽变电站一般通过环形网络互相连接。

输电网络的电压等级要与系统的规模(容量和供电范围)相适应。表 9-1-1 列出各种电压等级的单回架空线路输送功率和输送距离的适宜范围。

配电网络的任务是分配电能。配电线路的额定电压一般为 0.4~35kV,有些负荷密度较大的大城市也采用 110kV,以至 220kV。配电网络的电源点是发电厂(或变电站)相应电压级的母线,负荷点则是低一级的变电站或者直接为用电设备。

配电网络采用哪一类接线,主要取决于负荷的性质,无备用接线只适用于向第三级负荷供电,对于第一级和第二级负荷占较大比重的用户,应由有备用网络供电。

表 9-1-1 各级电压架空线路的输送能力

额定电压(kV)	输送容量(MVA)	输送距离(km)	额定电压(kV)	输送容量(MVA)	输送距离(km)
3	0.1~1.0	1~3	110	10~50	50~150
6	0.1~1.2	4~5	220	100~500	100~300
10	0.2~2	6~20	330	200~800	200~600
35	2~10	20~50	500	1000~1500	150~850
60	3.5~30	30~100	1000	3500~5000	1000 以上

实际电力系统的配电网络比较复杂,往往是由各种不同接线方式的网络组成的,在选择接线方式时,必须考虑的主要因素是满足用户对供电可靠性和电压质量的要求,运行灵活方便,有好的经济指标等。一般都要对多种可能的接线方案进行技术经济比较后才能确定。

第二节 电力系统的电压等级

为了标准化、系列化制造电力设备,且便于设备的运行、维护、管理,额定电压等级不宜过多,电压级差不宜过小。一般认为,在一个电力系统中,相邻两级电压之比取 1.7~3.0 是比较合适的。GB 156《标准电压》中规定的电力系统电压有 220V、380V、1kV、3kV、6kV、10kV、20kV、35kV、66kV、110kV、220kV、330kV、500kV、750kV 等,其中 220V

为单相交流电，其余均为三相交流电。

一、额定电压的分类

目前，国家根据电压的高低，把多种电力设备的额定电压分为三类。

第一类额定电压是指 100V 以下的额定电压，主要用于安全、照明等，交流 36V 只作为潮湿环境的局部照明及其他特殊电力负荷使用。

第二类额定电压是 100～1000V 之间的额定电压，这类电压应用最广、数量最多，如低压电动机、工业、民用、照明、普通电器、动力及控制设备等都采用此类电压，括号内的电压，只用于矿井下或其他安全条件要求较高的地方。

第三类额定电压是 1000V 及以上的电压等级，电力系统的发、供、输、配、用电都采用该电压等级。

二、主要设备的额定电压

同一电压等级的受电设备中发电机、变压器的额定电压并不完全相等。这是因为功率传输过程中线路中要产生电压损耗，沿线路各点的电压是不同的，一般是首端电压高于末端电压。线路的额定电压规定与受电设备的额定电压相同，这样所有接在线路上的用电设备都可以在额定电压附近运行。

（一）线路的额定电压

由于一般线路首端电压高于末端电压，所以线路运行时各处的电压不同。一般情况下，受电设备的允许电压偏移为 ±5%，沿线路的电压损耗为 10%。如果线路首端电压为额定电压的 1.05 倍，末端电压就不会低于额定电压的 0.95 倍，各受电设备就能在允许电压范围内运行。所以线路的额定电压，一般就是受电设备的额定电压。

在一些计算中一般采用线路的平均额定电压。这是为了使线路末端受电设备得到额定电压，可将线路首端电压提高 10%，这样线路的平均额定电压就是受电设备电压的 1.05 倍。

（二）发电机的额定电压

发电机接在线路的首端，额定电压要比线路的高。发电机出口一般接母线，线路较短，因此，发电机的额定电压比线路额定电压高 5%。

对于没有直配负荷的大容量发电机，其额定电压按技术经济条件来确定，不受线路额定电压的限制，例如国产 125、200、300、600MW 的汽轮发电机，其额定电压分别为 13.8、15.75、18、20kV。

（三）变压器的额定电压

变压器每个绕组都有其额定电压。一次绕组额定电压等于所连线路的额定电压（直接和发电机相连时，等于发电机的额定电压）。因变压器二次侧额定电压规定为：空载变压器一次侧加额定电压时的二次侧电压，而带负荷时变压器内部有一定的电压降，为使正常运行时变压器二次绕组的实际输出电压比线路额定电压高 5% 左右，变压器二次侧额定电压应比线路额定电压高 5%～10%。一般变压器二次侧额定电压比线路额定电压高 10%；只有漏抗较小的变压器（高压侧电压不大于 35kV 且短路电压百分比不大于 7.5%）或二次绕组所连线路较短时，二次侧额定电压才比线路额定电压高 5%。现在新建的工程有时不论漏抗大小，二次侧额定电压都比线路额定电压高 5%。

三、各级电压电力网的适用范围

电力系统中，因三相功率 S 和线电压 U、线电流 I 之间的关系为 $S = 3UI$，所以输送功率一定时，输电电压越高，电流越小，可采用较小截面的导线。但电压越高对绝缘的要求越高，电气设备的绝缘投资就越大。因此对应一定的输电距离和输送功率，必然有一个在技术上、经济上均较合理的电压。

各级电压电力网的经济输送容量、输送距离与适用地区可参照表 9-2-1。

表 9-2-1　　　　各级电压电力网的经济输送容量、输送距离与适用地区

额定电压（kV）	输送容量（MW）	输送距离（km）	适用地区
0.38	0.1 以下	0.6 以下	低压动力与三相照明
3	0.1～1.0	1～3	高压电动机
6	0.1～1.2	4～15	发电机电压、高压电动机
10	0.2～2.0	6～20	配电线路、高压电动机
35	2.0～10	20～50	县级输电网、用户配电网
110	10～50	30～150	地区级输电网、用户配电网
220	100～200	100～300	省、区级输电网
330	200～500	200～600	省、区级输电网，联合系统输电网
500	400～1000	150～850	省、区级输电网，联合系统输电网

第三节　电力系统中性点接地方式

一、电力系统中性点及其接地方式

电力系统中性点是指星形接线的变压器或发电机的中性点，这些中性点的接地方式是一个复杂的问题，它关系到系统的绝缘水平、供电可靠性、继电保护、通信干扰、接地保护方式、电压等级、系统接线和系统稳定等很多方面的问题，须经合理的技术经济比较后确定电力系统中性点的接地方式。

电力系统中性点接地方式，从接地电流可分为两种：

大接地电流方式：凡是需要断路器遮断单相接地故障电流者，属于大接地电流方式。

小接地电流方式：凡是单相接地电弧能够瞬间自行熄灭者，属于小接地电流方式。

（1）大接地电流方式主要包括三种：

1）中性点有效接地方式；

2）中性点全接地方式，即非常有效的接地方式；

3）中性点经低电抗、中电阻和低电阻接地的方式。

中性点有效接地方式定义为：对于高电压电力系统（110～220kV），当电力系统发生单相接地故障时，在一个电力系统中不论变压器中性点是直接接地，还是不接地，或者是经低电阻或低电抗接地，只要在指定部分各点满足零序电抗 x_0 与正序电抗 x_1 之比 $x_0/x_1 \leqslant 3$ 和零序电阻 x_0 与正序电抗 x_1 之比 $r_0/x_1 \leqslant 1$，该系统便属于有效接地方式。

中性点全接地方式定义为：对于 500kV 及以上超高压电力系统，广泛使用自耦变压器，所以全部的变压器中性点都保持直接接地，或特殊需要经低电抗接地方式，称为中性点全接地方式，或称为中性点为非常有效接地方式，有人也称之为中性点死接地方式。

（2）小接地电流方式中主要包括三种：

1）中性点不接地方式；

2）中性点经消弧线圈接地方式；

3）中性点经高阻抗接地方式。

中性点非有效接地系统还可以定义为：在电力系统各中性点接地方式中，除了有效接地和安全接地方式之外，都属于中性点非有效接地的范畴，它包括小接地电流系统中的中性点不接地、经消弧线圈接地（谐振接地）和高电阻接地，以及大接地电流系统中的中性点经中、低电阻，低电抗等接地的系统。

二、电力系统中性点不同接地方式的优缺点

（一）大接地电流方式的电力系统

大接地电流方式的电力系统的优点是快速切除故障，安全性好。因为系统单相接地时即为单相短路，保护装置可以立即切除故障；其次是经济性好，因中性点直接接地系统在任何情况下，中性点电压不会升高，且不会出现系统单相接地时电弧过电压问题，因此，电力系统的绝缘水平便可按相电压考虑，使其经济性好。其缺点是该系统供电可靠性差，因为系统发生单相接地时由于继电保护作用使故障线路的断路器立即跳闸，所以降低了供电可靠性（为了提高其供电可靠性就得加自动重合闸装置等措施，将会导致经济性下降）。

（二）小接地电流方式的电力系统

小接地电流方式的电力系统的优点是供电可靠性高，因为电力系统单相接地时不是单相短路，接地线路可以不跳闸，只给出接地信号，按规程规定电力系统单相接地后仍可运行 2h，若在 2h 内排除了故障，就可以不停电，这样就提高了电力系统的可靠性。其次，在单相接地时，对人身和设备的安全性最好，不易造成或较轻造成人身安全事故和设备损坏事故。故缺点是经济性差，因为电力系统单相接地时，使不接地相对地电压升高，即以线电压运行，故此系统的绝缘水平应按线电压设计，在电压等级较高的系统中，绝缘费用在设备总

价格中占相当大比重，所以对电压高的系统就不宜采用。再者，小接地电流系统单相接地时，易出现间歇性电弧引起的系统谐振过电压。

因此，目前在我国 110kV 及 220kV 电力系统，采用中性点有效接地方式；330kV 和 500kV 电力系统，采用中性点全接地方式；60kV 及以下的电力系统，采用中性点小接地电流方式（其中 35～60kV 电力系统，一般采用中性点经消弧线圈接地；而 3～10kV 电力系统，一般采用中性点不接地方式）。一般认为 3～60kV 网络，单相接地时电容电流超过 10A 时，中性点应加装消弧线圈。

第四节　电力系统有功功率的平衡及频率调整

一、电力系统频率偏移

电力系统中有功功率随频率而变化的负荷可以分为以下三种类型：

（一）与频率变化无关的负荷

这类负荷从电网中吸收的有功功率与频率无关或不受频率变化的影响，如照明、电热器、电弧炉、整流负荷等，其三相有功功率 P（kW）为

$$P = 3I^2R \times 10^3 \qquad (9-4-1)$$

式中　I——负荷电流，A；

R——负荷电阻，Ω。

（二）与频率一次方成正比的负荷

这类负荷的阻力矩 M 等于常数，如金属切削机床、卷扬机、球磨机、压缩机等。其从系统吸收的有功功率为

$$P = M\frac{2\pi f}{p} \qquad (9-4-2)$$

式中　f——交流电的频率，Hz；

p——电动机的磁极对数；

M——电动机的力矩，kN·m。

（三）与频率高次方成正比的负荷

这类用电设备从电网中吸收的有功功率可用上式表示，但是力矩 M 不是常数，其值随频率 f 而变，所以，P 与 f 的高次方成正比例。鼓风机、离心水泵等电动机负荷属这类负荷。

上述第二、三类用电设备大部分是由异步电动机拖动的，考虑到异步电动机的转速和输出功率均与频率有关，因此它所取用的有功功率的变化将引起频率的相应变化。

电力系统的负荷是随时都在变化的。对系统各类负荷的分析表明，系统负荷可以看作由以下三种不同变化规律的变动负荷所组成：第一种变化幅值小，速度快（变化周期一般在

10s 以内）；第二种变化幅值较大，速度较慢（变化周期一般在 10s～30min 以内）；第三种变化幅值大，属变化缓慢的持续变动负荷。

另外，在电力系统发生短路或断线等故障时，发电机的输出功率会发生大幅度的变化，从而使系统的频率发生大的偏移。

二、电力系统频率偏移对用户和系统的影响

电力系统在运行时，发电机组出力严重不足，频率就会下降。频率降低超过容许值时，称为低频运行。电力系统低频运行有如下影响。

（一）影响用户

系统低频运行，用户的交流电动机转速按比例下降，使工农业用户的产品产量和质量降低，如对纺织、造纸等企业，不但产量降低，而且使纺织品、纸张等发生毛疵和厚薄不匀等质量问题；使电子计算机计算工作发生错误；使电视机工作点不稳定，影像不清；使精美印刷深浅不一等。

（二）影响厂用电及汽轮机安全

系统低频运行，使厂用电动机功率降低，影响给水、引风、主油泵等的正常工作。严重时可能使汽轮机停机、发电机不能发电，造成频率进一步下降，恶性循环，甚至导致频率崩溃。

低频运行时，可能造成汽轮机末级叶片共振，影响寿命，甚至造成断叶片等严重事故。

（三）影响电压

系统低频运行会引起发电机电动势减小，电压降低，负荷电流增大；使得发电机无功出力减小，促使电压进一步下降，可能形成恶性循环，造成电压崩溃。

（四）影响系统经济运行

系统低频运行，使得汽轮发电机组、水轮发电机组、锅炉等重要设备的效率降低；还会导致系统中各发电厂不能按最经济条件分配功率。这些都会影响电力系统的经济运行。

三、电力系统综合负荷的静态特性曲线

连接容量是指在频率、电压等于额定值时，接在系统中的用电设备的实际容量。

电力系统综合负荷的静态特性曲线是指：系统稳态运行时，系统综合负荷（连接容量不变）随频率、电压而变化的特性曲线。为了保证电力系统频率和电压的稳定，就需要相应调整系统有功和无功功率的平衡，这是因为电力系统频率的变化主要与系统有功平衡有关，电力系统电压的变化主要与系统无功功率的平衡有关。为了简化分析，本章讨论在稳态运行时，连接容量不变的情况下，电压等于额定值时，综合负荷吸收有功功率随频率而变化的特性（综合负荷频率静态特性曲线）。

根据统计资料，电力系统中有功功率随频率而变的三种负荷中，以第二类占多数。在电

力系统运行中，频率的容许变化范围很小。因此，系统综合负荷的频率静态特性曲线，近似为一条直线，所对应的系数为负荷频率自动调节效应系数 K，数值取决于全系统各类负荷的比重。当频率下降时，系统有功负荷自动减少；当频率上升时，系统有功负荷自动增加。

负荷频率自动调节效应系数 K 可以用标幺值 K_* 表示。K_* 可以通过试验或计算求得。一般电力系统的 K_* 值为 1～3，这表明频率变化 1%，有功负荷相应地变化 1%～3%。K 的数值是调度部门必须掌握的一个数据，它是考虑按频率减负荷方案和低频率事故时用一次切除负荷来恢复频率的计算依据。

四、电力系统有功功率平衡及备用

电力系统运行的特点之一是电能不能大量地、廉价地储存。在任何时刻，发电机发出的功率等于此时刻系统综合负荷与各元件功率损耗之和。电力系统有功功率平衡可表示为

$$\sum P_G = \sum P + \sum P_C + \sum \Delta P \qquad (9-4-3)$$

式中　$\sum P_G$——系统各发电厂发出的有功功率总和（工作容量）；

$\sum P$——系统综合有功负荷；

$\sum \Delta P$——电力网各元件有功损耗总和；

$\sum P_C$——各发电厂厂用有功功率总和。

在电力系统规划设计和运行时，为保证系统经常在额定频率下连续地运行，不间断地向用户供电，系统电源容量应大于包括网络损耗和厂用电在内的系统发电负荷。系统电源容量大于系统发电负荷的部分称系统的备用容量。

（1）可以通过设备状态将电力系统的备用容量分为热备用和冷备用。

所谓热备用指运转中的发电设备可能发的最大功率与系统发电负荷之差，也称运转备用或旋转备用。冷备用指未运转的发电设备可能发的最大功率。检修中的发电设备不属冷备用，因为它们不能由调度随时动用。

从保证可靠供电和良好的电能质量来看，热备用越多越好。发电设备从"冷状态"至投入系统、再到发出额定功率一般所需时间短则几分钟（水电厂）长则十余小时（火电厂）。而就保证重要负荷供电而言，几分钟也相对过长。从保证系统运行的经济性考虑，热备用又不宜过多，所以应综合统筹考虑。

（2）也可以通过用途将电力系统的备用容量分为负荷备用、事故备用、检修备用和国民经济备用。

负荷备用又称为调频备用，是为了适应短时间内的负荷波动以稳定系统频率，并担负一天内计划外的负荷增加而设置的备用。系统的负荷备用必须是旋转备用，即机组接于母线但不满载运行。负荷备用一般取为系统最大发电负荷的 2%～5%。大系统采用较小的百分数；小系统采用较大的百分数。负荷备用一般应由应变能力较强的有调节库容的水电厂担任。

事故备用是为了电力系统中发电设备发生故障时，保证系统重要负荷供电所设置的备用

容量。在规划设计中，事故备用容量的大小应根据系统容量、发电机台数、单位机组容量、机组的事故概率、系统的可靠性指标等确定，一般取系统最大发电负荷的 10% 左右，并且不小于系统中一台最大机组的容量。事故备用可以是停机备用，事故发生时，动用停机备用需要一定的时间，汽轮发电机组从启动到满载，需要数小时；水轮发电机组只需要几分钟。因此，一般以水轮发电机组作为事故备用机组。

检修备用是指系统中的发电设备能定期检修而设置的备用，容量一般应结合系统负荷特性、发电机台数、设备新旧程度、检修时间的长短等因素确定，以满足可以周期性地检修所有机组、设备的要求。系统机组的计划检修应利用负荷季节性低落空出来的容量。只有空出容量不足但又要保证全部机组周期性检修的需要时，才设置检修备用容量。

电力工业是先行工业，除满足当前负荷的需要设置上述几种备用外，还应计及负荷的超计划增长而设置一定的备用，这种备用称国民经济备用。

负荷备用、事故备用、检修备用和国民经济备用归纳起来以热备用或冷备用的形式存在于系统中。热备用中至少应包含全部负荷备用和一部分事故备用。

五、电力系统的频率调整

电力系统的负荷是随时变化的，负荷的变化引起系统有功功率平衡的破坏，从而导致系统频率不断变化。调频的实质，就是维持有功功率的平衡。为维持系统频率稳定，且在允许的范围之内，需要不断调整各发电厂的出力。

（一）各类发电厂在频率调整中的作用

目前，电力系统中发电厂的主要形式有水力发电厂、凝汽式火力发电厂、热电厂、核电厂及风能、光伏等清洁能源发电厂等。各类发电厂在维持功率平衡、频率稳定的过程中作用不同，要在电力系统的统一调度下运行。

1. 凝汽式火力发电厂

原则上可以担负任何负荷，但从技术经济方面应考虑以下两个方面问题：

（1）汽轮发电机组在空载及轻载（额定负荷的 10%～30%）下运行，因摩擦鼓风损失所产生的热量，无法被蒸汽带走，可能使汽轮机末级叶片温度过高而造成事故。

（2）汽轮发电机组若在尖峰负荷下工作，由于负荷经常变动，将使燃料单位耗量增加。

2. 热电厂

原则上应按供热负荷曲线运行，主要担任基本负荷。

3. 无调节库容的水电厂

无水库可以调节出力的水电厂应担负基本负荷，以保证河流径流水力得到充分的利用。

4. 有调节库容的水电厂（含抽水蓄能电厂）

有水库可以调节出力的水电厂可以担负系统尖峰负荷。水轮发电机的启停快，调节出力灵活。

5. 核电厂

原子反应堆的负荷基本上没什么限制，技术最小负荷取决于汽轮发电机组。但如果承担较大负荷变化的负荷时，要多耗费能量，且易损坏设备，所以宜担负基本负荷。

6. 风能、光伏等新能源发电厂

受风速、光照影响较大，且不可调节，宜担负基本负荷。

（二）发电厂的分类及作用

根据各个发电厂在系统频率调整过程中的作用不同，将发电厂分为主调频电厂、辅助调频电厂及基载厂。主调频电厂担任系统的负荷备用，负责保持系统频率在额定频率的允许偏移范围内，一个系统只设一个。辅助调频电厂在系统频率超过某规定的范围时，才参加系统频率调整工作，一个系统只设少数几个。基载厂按照系统调度下达的负荷曲线运行，系统中大部分电厂为基载厂。

主调频电厂负责整个系统的频率调整工作，作为主调频电厂应满足下列条件：

（1）具有足够的调频容量和调频范围；

（2）能比较迅速地调整出力；

（3）调整出力时符合安全及经济运行原则。

根据上述条件，在水火电厂并存的电力系统中，一般应选择大容量的有调节库容的水电厂作为主调频电厂，其他大容量的有调节库容的水电厂可以作为辅助调频电厂，大型火电厂中效率较低的机组也可作为辅助调频电厂。水电厂调整出力时，速度快，操作简单，调整范围大，且调整出力不影响电厂的安全生产。

在没有水电厂的电力系统中，可以装设特制的带系统尖峰负荷的汽轮发电机组，这种机组结构简单，启停快，通流部分间隙大，能适应较大的温度变化。

（三）电力系统的频率调整过程

电力系统的频率调整过程根据电力系统综合负荷的变化情况分为以下三种：

（1）当电力系统综合负荷的变化幅值小、速度快时，需依靠系统各发电机组的调速装置自动调节原动机的输入功率来适应这一变化，这种调频过程称为系统频率的一次调整。

（2）当电力系统综合负荷的变化幅值较大、速度较慢时可以通过手动或自动调整调频器改变调速装置的特性曲线来适应这一变化，这种调频过程称为系统频率的二次调整。频率的二次调整主要是在主调频电厂中进行的，当频率变化较大时，辅助调频电厂才参与调频工作。

（3）针对变化幅值大、属变化缓慢的持续变动负荷，系统调度依照预测事先作出次日每小时的负荷曲线，根据各电厂上报次日每时段上网的电力和电价，结合优质优价、最优网损及系统综合负荷曲线，作出各电厂次日每小时的负荷曲线，这种调频过程称为系统频率的三次调整。

（四）事故调频

如果电力系统发生了电源事故，引起系统有功功率的严重不平衡，导致系统频率大幅度下降，这时，应迅速投入旋转备用及低频率减负荷装置，恢复系统有功平衡，防止频率的进一步下降。如果事故非常严重，在采取了上述措施以后，频率仍然大幅度地下降，系统调度人员应迅速启动备用发电机组、切除部分负荷。若还不能满足平衡要求，需采取将系统解列成多个小系统、分离厂用电等措施，来恢复主系统的功率平衡，抑制频率下降，避免发生频率崩溃。

思 考 题

1. 无备用接线和有备用接线的形式分别有哪些？

2. 接线方式的选择主要参考哪些参数（指标）？

3. 第一类额定电压的主要用户包括哪些？

4. 第三类额定电压的特点是什么？

5. 主要设备额定电压的确定主要参照什么？

6. 电力系统中性点接地方式分为哪几类？

7. 电力系统频率的偏移会对系统的哪些部分造成什么样的影响？

8. 电力系统的功率调整是如何实现的？

参考文献

［1］华志刚. 储能关键技术及商业运营模式［M］. 北京：中国电力出版社，2019.

［2］李浩良，孙华平. 抽水蓄能电站运行与管理［M］. 杭州：浙江大学出版社，2013.

［3］郑立冬. 电机与变压器［M］. 北京：人民邮电出版社，2008.

［4］曾令全. 电机学［M］. 北京：中国电力出版社，2014.

［5］滕国军，牛林. 变压器试验与分析［M］. 北京：中国电力出版社，2013.

［6］吴克勤. 变压器极性与接线组别［M］. 北京：中国电力出版社，2006.

［7］胡景生. 变压器经济运行［M］. 北京：中国电力出版社，1999.

［8］中国南方电网超高压输电公司. 大型电力变压器故障诊断及案例［M］. 北京：中国电力出版社，2022.

［9］曾令全，李书权. 电机学［M］. 北京：机械工业出版社，2010.

［10］杨传箭. 电机学［M］. 北京：水利电力出版社，1988.

［11］丁新求. 水力学基础［M］. 北京：中国水利水电出版社，2012.

［12］赵振兴，何建京. 水力学［M］. 北京：清华大学出版社，2007.

［13］赵明登，杨中华. 水力学［M］. 北京：中国水利水电出版社，2021.

［14］闵赵宏. 应用水力学基础［M］. 北京：中国电力出版社，2004.

［15］郑文康，刘翰湘. 水力学［M］. 北京：水利电力出版社，1991.

［16］郑源，陈德新. 水轮机［M］. 北京：中国水利水电出版社，2011.

［17］王蕴莹. 水轮机［M］. 北京：中国水利水电出版社，1993.

［18］曹锟，姚志民. 水轮机原理及水力设计［M］. 北京：清华大学出版社，1991.

［19］董海生. 浅析水轮机运行工况与磨蚀［J］. 工程技术研究，2022，4（2）：138-139.

［20］边春元，宋崇辉. 电力电子技术［M］. 北京：中国邮电出版社，2012.

［21］王兆安，刘进军. 电力电子技术［M］. 北京：机械工业出版社，2009.

［22］李焕琦. 电气自动化系统继电保护的安全技术探讨与分析［J］. 中外企业家，2019（1）：126.

［23］侯果山. 浅析电气自动化系统继电保护安全技术［J］. 企业科技与发展，2018（8）：130-131.

［24］杨林，朱成亮，刘彬. 电网继电保护综合自动化系统分析［J］. 时代农机，2019（11）.

［25］杨君. 提高电网继电保护正确动作率的有效方法［J］. 科技创新导报，2020（2）.

［26］王川波. 高电压技术［M］. 北京：中国电力出版社，2002.

［27］常美生. 高电压技术［M］. 3版. 北京：中国电力出版社，2019.